美丽绽放的
时令花卉
钩编

日本 E&G 创意 / 编著

蒋幼幼 / 译

Beautiful
crochet
flower

中国纺织出版社有限公司

Contents
目录

喜林草
p.15

郁金香
p.16

巧克力波斯菊
p.17

针垫花
p.20

铃兰
p.21

万寿菊
p.22

风信子
p.23

钻石百合
p.23

大丽菊
p.24

龙胆
p.25

Anemone

银莲花

无论单色还是多色搭配都很迷人的银莲花。
请按个人喜好尝试各种装饰方法。

设计＆制作 —— 曾根静夏
制作方法 —— p.32

花毛茛

花瓣层层叠叠，花姿优美。
花毛茛的种类很多，
这次选择了渐变色的品种。

设计 & 制作 —— 曾根静夏
制作方法 —— p.34

Cymbidium

大花蕙兰

设计 & 制作 —— 能岛裕子
制作方法 —— p.37

Mokara

莫氏兰

设计 & 制作 —— 远藤裕美
制作方法 —— p.39

大花蕙兰和莫氏兰的色调鲜活明快，非常漂亮。
这两种兰花都是在一根花茎上开出很多小花，
可以为您的房间增添一抹亮丽的色彩。

Gerbera

非洲菊

受人喜爱的非洲菊在花艺中
是颜色非常丰富的花材之一。
这次介绍的是给人以柔和印象的黄色非洲菊。

设计＆制作 ── 松本薰
制作方法 ── p.40

Rose
玫瑰

玫瑰作为象征爱情的花卉家喻户晓。
一根花茎开出几朵花的"多头玫瑰"
看起来更加美艳动人。

设计 —— 冈本启子
制作 —— 芽久
制作方法 —— p.43

Amaryllis

朱顶红

所开花朵酷似百合的球根植物。
多头的朱顶红也非常适合
用作插花的主角。

设计＆制作 —— 河合真弓
制作方法 —— p.33

Protea

帝王花

一枝帝王花就足以给人留下深刻的印象。
乍一看似乎很难，
其实是用相同的方法钩织很多片，
熟练以后就会更加得心应手。

设计 & 制作 —— 能岛裕子
制作方法 —— p.45

Calla

马蹄莲

马蹄莲的渐变色非常漂亮，
圆润的形状尽显优雅。
极富韵味的花姿在婚礼上备受青睐，
作为礼物也一定很讨人喜欢吧。

设计＆制作 —— 能岛裕子
制作方法 —— p.42

Gymnaster
野春菊

野春菊的花朵十分可爱。
在本书中是一款偏小巧、
比较容易开始钩织的作品。

设计＆制作 ── 远藤裕美
制作方法 ── p.46

Cockscomb

鸡冠花

密实的褶皱是鸡冠花的特点。
有一部分的色彩变化非常细腻，
是用一根包含四种颜色的段染线钩织的。

设计＆制作 ── 远藤裕美
制作方法 ── p.47

Tailflower

花烛

花烛的爱心形状极具特色。
正面朝前装饰更加漂亮。

设计＆制作 —— 松本薰
制作方法 —— p.48

Baby blue eyes
喜林草

天蓝色是喜林草的一大特点。
几枝花一起装饰更加可爱，
重点是可以装饰在任何地方。

设计＆制作 —— 远藤裕美
制作方法 —— p.50

Tulip

郁金香

郁金香的花朵和叶子简单而优美。
往花瓣里一看，雄蕊和雌蕊也钩织得细致入微。
本书花卉无须水养，所以装饰方法也自由随意。

设计＆制作 —— 能岛裕子
制作方法 —— p.51

Chocolate cosmos

巧克力波斯菊

据说巧克力波斯菊拥有巧克力般的香味。
雅致的颜色散发着成熟的韵味。

设计 & 制作 ── 河合真弓
制作方法 ── p.52

Pincushion

针垫花

逼真的针垫花结构非常简单，
按流苏的制作要领加上人造仿真花蕊。
一枝花就可以成为房间的一大亮点。

设计 & 制作 —— 河合真弓
制作方法 —— p.53

May lily

铃兰

花如其名,
绽放的小花如铃铛一般低垂着。
洁白娇小的花朵煞是可爱。

设计 & 制作 —— 河合真弓
制作方法 —— p.54

Marigold

万寿菊

起伏不平的花瓣是万寿菊的特点，
渐变的颜色特别漂亮。
不要忘了钩织花蕾哦！

设计＆制作 —— 松本薰
制作方法 —— p.38

Hyacinth
风信子

Diamond lily
钻石百合

细节满满的风信子和钻石百合，
仿佛飘来了缕缕花香。
色调也很明快，令人赏心悦目。

设计＆制作 —— 能岛裕子
风信子　制作方法 —— p.55
钻石百合　制作方法 —— p.56

Dahlia

大丽菊

大丽菊层层叠叠的花瓣美极了。
华丽且富有存在感，
用一枝花装饰，也宛如一幅画。

设计＆制作 —— 松本薰
制作方法 —— p.58

Gentian

龙胆

龙胆被称为山野草的代表。
拥有鲜亮的蓝色和清雅脱俗的外观，
与其他花卉搭配装饰，
将是非常不错的点缀。

设计 —— 冈本启子
制作 —— 芽久
制作方法 —— p.57

本书使用线材介绍

以下是本书使用的DMC刺绣线的色样。
颜色漂亮，丰富齐全，请在作品创作中灵活使用。

25号刺绣线的色样

DMC 25号刺绣线
棉100% 1支/8m 500色

DMC Coloris（段染线）
棉100% 1支/8m 24色

- 各线材自左向右表示为：材质→线长→颜色数量。
- 颜色数量为截至2023年1月的数据。
- 因为印刷的关系，可能存在些许色差。
- 为方便读者查阅，书中线材型号保留英文。

676	445	951	948	453	3865	3072	48
729	307	3856	754	452	ECRU	647	107
680	973	722	3771	451	822	3023	115
3829	444	721	758	3861	644	3022	99
3822	3078	720	3778	3860	642	3024	52
3821	727	3825	356	779	640	648	93
3820	726	922	3830	09	3787	646	121
3852	725	921	355	712	3021	645	67
728	972	920	3777	739	844	B5200	125
783	745	919	3779	738	3033	BLANC	92
782	744	918	3859	437	3782	762	94
780	743	3770	3858	436	3032	415	90
3823	742	945	3857	435	3790	318	51
3855	741	402	20	434	3781	414	106
19	740	3776	21	433	05	01	111
3854	970	301	22	801	06	02	105
3853	947	400	3774	898	07	03	69
3827	946	300	950	938	08	04	53
977	900	225	3064	3371	3866	535	
976	967	224	407	543	842	168	
3826	3824	152	3772	3864	841	169	
975	3341	223	632	3863	840	317	
	3340	3722		3862	839	413	
608	3721		3031	838	3799		
606	221				310		

🍂 Coloris（段染线）

4500		4512	
4501		4513	
4502		4514	
4503		4515	
4504		4516	
4505		4517	
4506		4518	
4507		4519	
4508		4520	
4509		4521	
4510		4522	
4511		4523	

🌿 刺绣线的使用方法

拉出线头。捏住左端的线圈慢慢地拉出线头，这样不易打结，可以很顺利地拉出来。标签上标有色号，方便补线时核对，用完之前请不要取下标签，或者记下色号。

25号刺绣线是由6股细线合捻而成。

本书作品除指定以外均使用6股线直接钩织。

🌿 刺绣线分股的方法

有特别指定时需要将线分股。剪下适当长度的线，退捻后比较容易分股。

🌿 在铁丝上绕线的方法

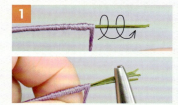

如箭头所示不留缝隙地在铁丝上绕线（上图）。在适当位置弯折铁丝（下图）。此时，在弯曲处留出1cm左右，用剪钳剪掉多余的铁丝。

在弯曲处简单绕上3圈左右，再用钳子夹紧缝隙。

在弯折部分继续绕线。

绕线至弯折部分偏上一点，用缝针将线穿入绕线部分，涂上胶水固定线头后剪断。

🌿 从花朵一端开始在铁丝上绕线的方法

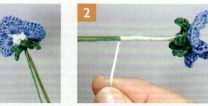

将弯折后的铁丝插入花朵和花萼。

绕线至指定位置。此时，钩织终点如果有线头，将线头与铁丝并在一起绕线。

绕线至指定位置后，加入叶子一起绕线。

叶子的钩织终点如果有线头，同样并在一起绕线。

🍂 包住铁丝钩织的方法 ── 将铁丝一端拧出小圆环钩织的方法 ──

（此处以p.9的朱顶红为例进行说明）

1 锁针起针钩9针，接着钩1针锁针起立针。在锁针的里山挑针，再将钩针插入铁丝的小圆环，如箭头所示将线拉出，钩织1针短针。

2 从第2针开始如箭头所示，在里山挑针，包住铁丝按图解钩织。

3 钩织至末端后，接着钩1针锁针，在起针锁针的外侧半针里挑针，钩织条纹针。

4 另一侧钩织几针后的状态。

🍂 包住铁丝钩织的方法 ── 在其中一部分加入铁丝钩织的方法 ──

（此处以p.12的野春菊为例进行说明）

1 一边包住铁丝一边按图解钩织至指定位置。

2 钩织至指定位置后，弯折铁丝，接着避开铁丝继续钩织（左图）。避开铁丝钩织1针长针后的状态（右图）。

3 钩织至末端后，继续钩织另一侧。钩织至指定位置后，再次包住铁丝钩织（左图）。包住铁丝钩织1针后的状态（右图）。

4 从叶子的钩织起点到中心加入了铁丝。

🍂 叶子的钩织方法 ── 包住铁丝钩织短针的方法 ──

（此处以p.10的帝王花为例进行说明）

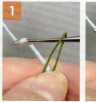

1 弯折铁丝的一端，插入钩针，在针头挂线（左图）。将针头的线拉出，钩1针锁针起立针（右图）。

2 1针锁针完成后，将钩织起点的线头与铁丝并在一起，如箭头所示在针头挂线，钩织短针。

3 钩织几针短针后的状态。

4 钩完20针短针后的状态（上图）。翻转织物和铁丝，钩1针锁针起立针（下图）。

5 参照步骤**4**的箭头，在短针的外侧半针里挑针，按图解继续钩织（上图）。叶子的一侧完成后的状态（下图）。

6 一侧完成后，按图解钩织1针锁针和1针引拔针。接着如箭头所示在步骤**4**~**5**剩下的半针里插入钩针，继续钩织叶子的另一侧。

7 钩织至中途的状态。

8 继续钩织，完成整片叶子。

🍃 花萼的缝合方法
（此处以p.7的非洲菊为例进行说明）

1 将铁丝弯成螺旋状，插入花萼。

2 塞入填充棉，将花萼与花朵缝合。

3 缝合时注意不要露出填充棉。

4 缝合完成。

🍃 内侧半针和外侧半针的挑针方法

在内侧半针里挑针的情况

1 如箭头所示，在内侧半针1根线里挑针钩织。

2 在内侧半针里挑针钩织1圈后的状态。左图是正面看到的状态，右图是反面看到的状态。没有挑针的外侧半针保留了下来。

（正面）（反面）

在剩下的外侧半针里挑针的情况

1 将刚才钩织的针脚倒向前面，如箭头所示在剩下的外侧半针1针线里挑针钩织。

2 在剩下的外侧半针里挑针钩织几针后的状态。织物分成了外侧和内侧两部分。

在外侧半针里挑针的情况

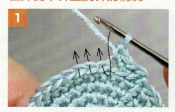

1 如箭头所示，在外侧半针1根线里挑针钩织。

2 在外侧半针里挑针钩织1圈后的状态。没有挑针的内侧半针保留了下来。

在剩下的内侧半针里挑针的情况

1 如箭头所示在剩下的内侧半针1根线里挑针钩织。

2 在剩下的内侧半针里挑针钩织几针后的状态。织物分成了外侧和内侧两部分。

瑞典颗粒结（Clones knot，绕4次）的钩织方法
图片 ── p.4　制作方法 ── p.32

※为了便于理解，此处使用不同颜色的线进行说明

1 将针上的线圈稍微拉长一点（左图），"针头挂线，如箭头所示从拉长的线圈下方插入钩针，接着针头挂线后向前拉出"（右图）。

2 再重复3次步骤**1**引号内的操作（左图），接着引拔穿过针上的所有线圈（右图）。

3 如箭头所示，在拉长线圈的前一针锁针的里山插入钩针（左图），挂线引拔（右图）。

4 绕4次的瑞典颗粒结完成。

玫瑰叶子的组合方法
图片 ── p.8　制作方法 ── p.43

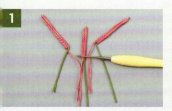   

1 包住铁丝钩织的3根叶柄完成后的状态。正中间的叶柄不要将线剪断。

2 将3根叶柄并在一起。此时，钩织终点如果有线头也与铁丝并拢，一起包在里面钩织。

3 钩织1针短针后的状态。

4 按图解钩织，3根叶柄组合在一起后的状态。

朱顶红的花蕊的制作方法
图片 ── p.9　制作方法 ── p.33

  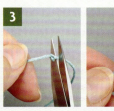 

1 绕2圈打1个死结。

2 绕2圈的死结完成后，再打一次结。

3 用剪刀紧贴着线结边缘剪断（左图），涂上胶水定型（右图）。

4 用手指揉搓的方式在整根花蕊上涂上胶水。

给针垫花加上花蕊的方法
图片 ── p.20　制作方法 ── p.53

1 基底钩织完成。

2 在指定位置插入钩针，将3根人造仿真花蕊对折，挂在钩针上拉出。

3 拉出后的状态。

4 再从环中拉出花蕊的另一端，这样就在1处加上了花蕊。

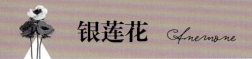

银莲花 *Anemone*

准备材料

DMC 25 号刺绣线

红色 / 红色系（349）…3 支，白色系（3865）…1 支，绿色系（3345）…0.6 支，藏青色系（823）…0.5 支，深绿色系（890）、藏青色系（939）、绿色系（987）…各少量

蓝色 / 紫色系（158）…2.5 支，藏青色系（336）、紫色系（3807）…各1 支，绿色系（3345）…0.6 支，紫色（792）、灰色（3799）…各0.5 支，深绿色系（890）、藏青色系（939）、绿色系（987）…各少量

白色 / 白色系（3865）、米色系（746）…各2 支，米色（543）…1 支，绿色系（3345）…0.6 支，藏青色系（823）…0.5 支，深绿色系（890）、藏青色系（939）、绿色系（987）…各少量

花艺铁丝 /24 号…每枝花 8 根，胶水…少量

针

6 号蕾丝针，8 号蕾丝针（仅用于钩织雄蕊）
※ 除指定以外均用 6 号蕾丝针钩织

成品尺寸

参照图示

柱头
939　1个

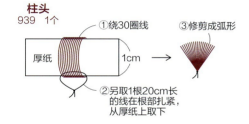

①绕30圈线
③修剪成弧形
厚纸
1cm
②另取1根20cm长的线在根部扎紧，从厚纸上取下

组合方法
※花萼的组合方法见p.33

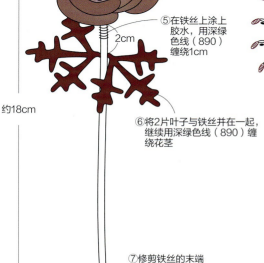

约18cm
2cm
⑤在铁丝上涂上胶水，用深绿色线（890）缠绕1cm
⑥将2片叶子与铁丝并在一起，继续用深绿色线（890）缠绕花茎
⑦修剪铁丝的末端

萼片（小）
5片

3.5cm
3cm

萼片（小）（红色、蓝色）的配色表

行数	红色	蓝色
4～7	349	158
1～3	3865	3807

萼片（小）（白色）的配色表

行数	白色
5～7	746（3股）+3865（3股）
1～4	543（2股）+746（4股）

萼片（大）（红色、蓝色）的配色表

行数	红色	蓝色
4～8	349	336（4股）+792（2股）
1～3	3865	3807

萼片（大）（白色）的配色表

行数	白色
5～8	746（2股）+3865（4股）
1～4	543（2股）+746（4股）

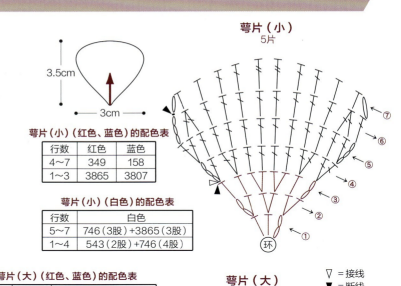

萼片（大）
3片

4cm
3.5cm

▽ = 接线
▼ = 断线

雄蕊
1个　8号针　3股线

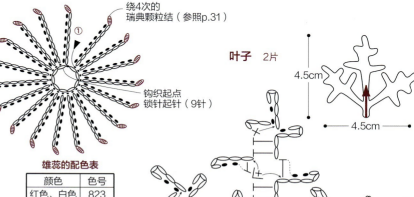

绕4次的瑞典颗粒结（参照p.31）
钩织起点
锁针起针（9针）

雄蕊的配色表

颜色	色号
红色、白色	823
蓝色	3799

叶子　2片

4.5cm
4.5cm

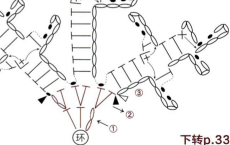

叶子的配色表

行数	色号
3	3345
1、2	987

下转p.33

朱顶红 *Amaryllis*

■ 准备材料

DMC 25 号刺绣线
粉红色系（225）…1.3 支，绿色系（905）…1 支，
浅粉红色系（758）…0.8 支，绿色系（524）、粉红
色系（760）、浅粉红色系（761）…各 0.7 支，白色
系（BLANC）…0.4 支，白色系（ECRU）…少量
花艺铁丝 /20 号、24 号…各 1 根，30 号…3.5 根，
胶水…少量

■ 针

2 号蕾丝针

■ 成品尺寸

参照图示

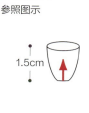

1.5cm

花萼
905 3个

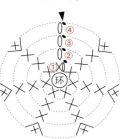

花蕊
ECRU 18根

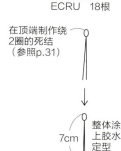

在顶端制作绕
2圈的死结
（参照p.31）

7cm

整体涂
上胶水
定型

花瓣的钩织方法

①将7cm长的30号铁丝的一端拧出小圆环。
②在9针起针的里山挑针，包住铁丝钩织。另
一侧在起针锁针的外侧半针里挑针钩织条
纹针。

将一端拧出小圆环

铁丝

花瓣A
6片

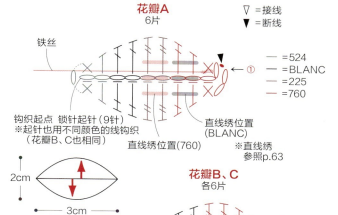

铁丝

钩织起点 锁针起针（9针）
※起针也用不同颜色的线钩织
（花瓣B、C也相同）

直线绣位置（760）

▽ =接线
▼ =断线

— =524
— =BLANC
— =225
— =760

直线绣位置
（BLANC）

※直线绣
参照p.63

2cm

3cm

花瓣B、C
各6片

铁丝

①

花瓣B、C的配色表

花瓣	—	—
B	524	758
C	225	761

组合方法

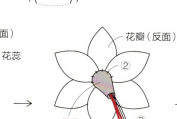

花瓣（正面）
花蕊

花瓣（反面）
②
花萼
③
24号铁丝
12cm

留出2cm
左右不缠线

①将6片花瓣相互重叠，
在中心插入6根花蕊，
再分别用各片花瓣的
30号铁丝将花瓣的
根部拧紧。

②看着反面，将花瓣和花蕊整束
插入花萼的中心，再用分股线
（3股，905）将花萼缝在花瓣
的反面。
③将12cm长的24号铁丝对折后
插入花萼的根部。

④涂上胶水，用绿色线
（905）从花萼的末
端往下缠线。

B

A

C

⑤将花朵B和花朵
C并在一起，
缠线1cm左右，
再将3朵花并在
一起，涂上胶水后
缠线2cm左右。

约19cm

13cm

⑥在步骤⑤中将3朵花缠
在一起时，剪2根13cm
长的20号铁丝插入中心，
涂上胶水后继续缠线。

上接p.32
※p.32银莲花的花朵组合方法

雄蕊

①将柱头穿入
雄蕊（9针锁针）的线环中。

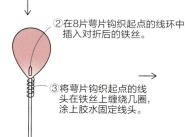

②在8片萼片钩织起点的线环中
插入对折后的铁丝。

③将萼片钩织起点的线
头在铁丝上缠绕几圈，
涂上胶水固定线头。

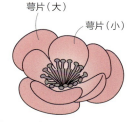

萼片（大）
萼片（小）

④以步骤①的雄蕊和柱头为中心，周
围加入穿好铁丝的萼片并成一束，
在根部涂上胶水固定。

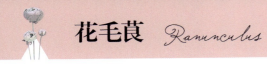

花毛茛 *Ranunculus*

准备材料

DMC 25 号刺绣线
浅橘色系（353）…4.5 支，浅黄绿色系（10）、
浅橘色系（352）…各 4 支，浅粉红色系（948）
…3.5 支，黄绿色系（14）、绿色系（704）…
各 1.5 支，绿色系（906）…1 支，黄绿色系
（989）…0.5 支
花艺铁丝 /20 号…12 根，填充棉…少量，胶
水…少量

针

6 号蕾丝针

成品尺寸

参照图示

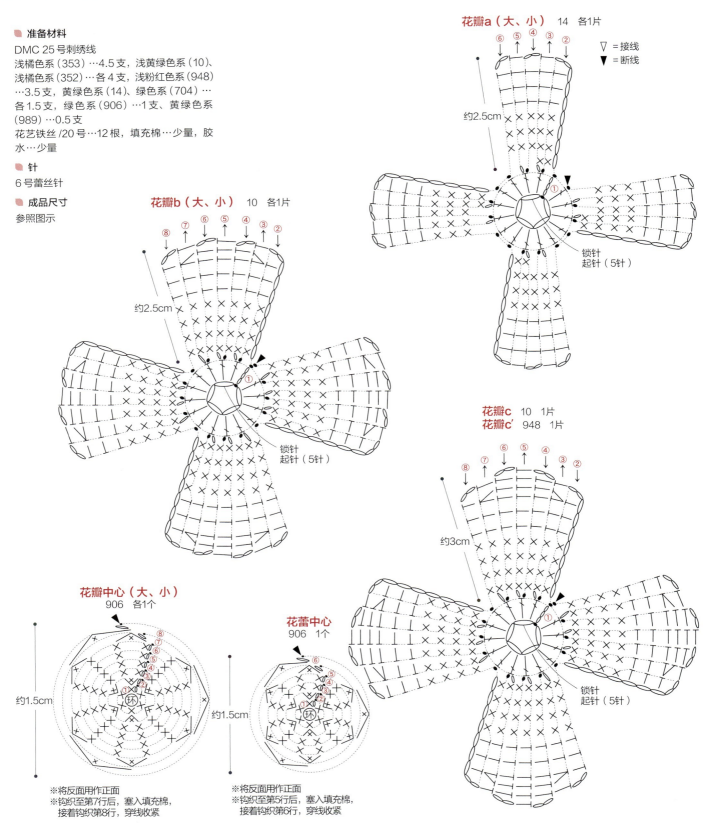

花瓣a（大、小） 14 各1片

▽ = 接线
▼ = 断线

约2.5cm

锁针
起针（5针）

花瓣b（大、小） 10 各1片

约2.5cm

锁针
起针（5针）

花瓣c 10 1片
花瓣c' 948 1片

约3cm

锁针
起针（5针）

花瓣中心（大、小）
906 各1个

约1.5cm

花蕾中心
906 1个

约1.5cm

※将反面用作正面
※钩织至第7行后，塞入填充棉，
接着钩织第8行，穿线收紧

※将反面用作正面
※钩织至第5行后，塞入填充棉，
接着钩织第6行，穿线收紧

34

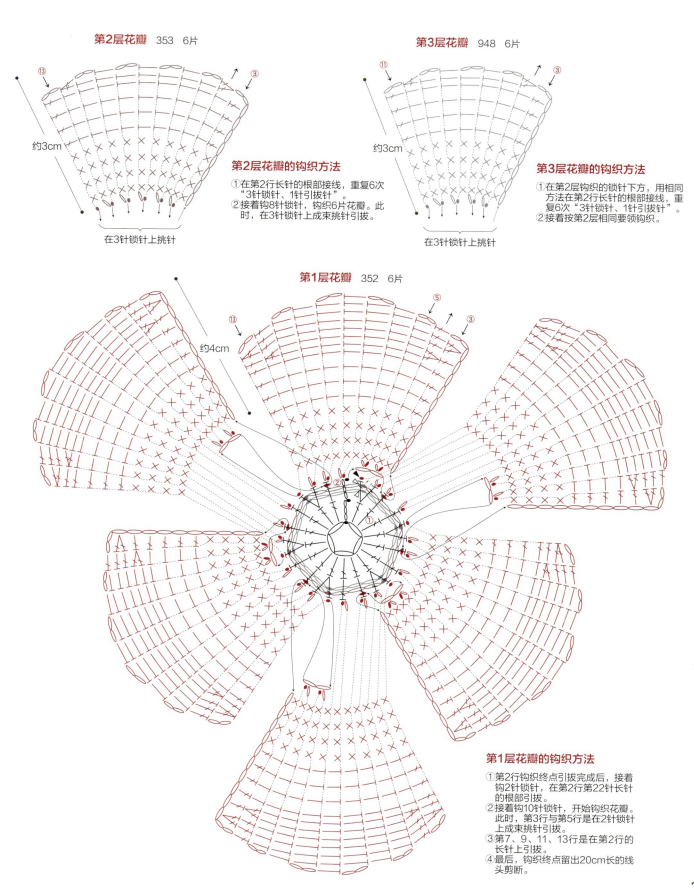

第2层花瓣 353 6片

约3cm

在3针锁针上挑针

第2层花瓣的钩织方法
①在第2行长针的根部接线，重复6次
  "3针锁针、1针引拔针"。
②接着钩8针锁针，钩织6片花瓣。此
  时，在3针锁针上成束挑针引拔。

第3层花瓣 948 6片

约3cm

在3针锁针上挑针

第3层花瓣的钩织方法
①在第2层钩织的锁针下方，用相同
  方法在第2行长针的根部接线，重
  复6次"3针锁针、1针引拔针"。
②接着按第2层相同要领钩织。

第1层花瓣 352 6片

约4cm

第1层花瓣的钩织方法
①第2行钩织终点引拔完成后，接着
  钩2针锁针，在第2行第22针长针
  的根部引拔。
②接着钩10针锁针，开始钩织花瓣。
  此时，第3行与第5行是在2针锁针
  上成束挑针引拔。
③第7、9、11、13行是在第2行的
  长针上引拔。
④最后，钩织终点留出20cm长的线
  头剪断。

35

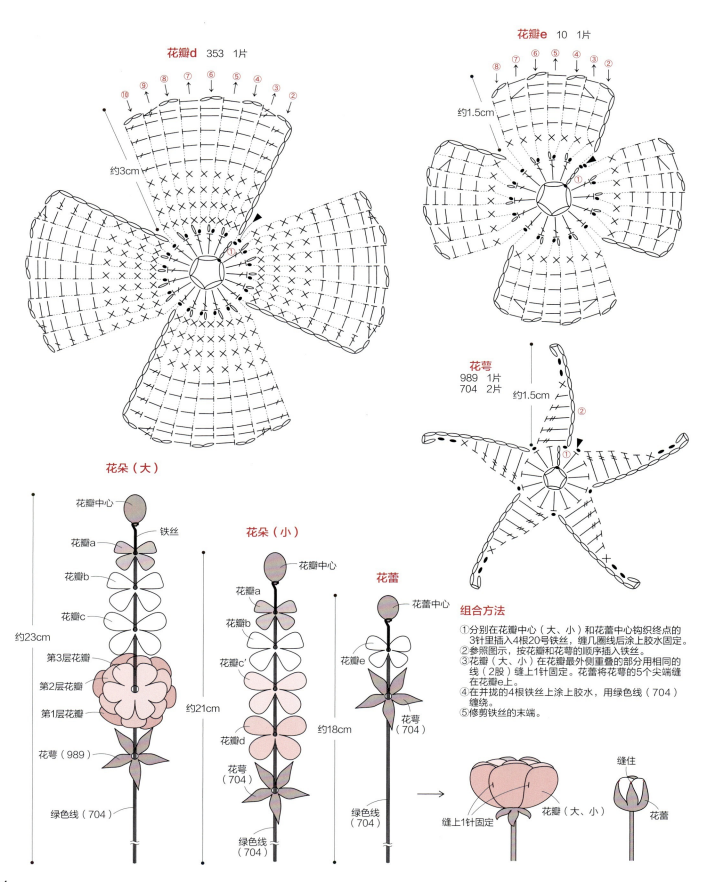

花瓣d　353　1片

约3cm

花瓣e　10　1片

约1.5cm

花萼
989　1片
704　2片
约1.5cm

花朵（大）

花瓣中心
铁丝
花瓣a
花瓣b
花瓣c
约23cm
第3层花瓣
第2层花瓣
第1层花瓣
花萼（989）
绿色线（704）

花朵（小）

花瓣中心
花瓣a
花瓣b
花瓣c′
约21cm
花瓣d
花萼
（704）
绿色线
（704）

花蕾

花蕾中心
花瓣e
花萼
（704）
约18cm
绿色线
（704）

组合方法

①分别在花瓣中心（大、小）和花蕾中心钩织终点的
　3针里插入4根20号铁丝，缠几圈线后涂上胶水固定。
②参照图示，按花瓣和花萼的顺序插入铁丝。
③花瓣（大、小）在花瓣最外侧重叠的部分用相同的
　线（2股）缝上1针固定。花蕾将花萼的5个尖端缝
　在花瓣e上。
④在并拢的4根铁丝上涂上胶水，用绿色线（704）
　缠绕。
⑤修剪铁丝的末端。

缝上1针固定
花瓣（大、小）

缝住
花蕾

36

大花蕙兰 *Cymbidium*

● **准备材料**

DMC 25号刺绣线

橘色系（947）…5支，橘色系（970）…4支，黄色系（972）…2支，绿色系（704）、橘色系（900）…各1支

花艺铁丝/22号…1根，24号…5根，胶水…少量

● **针**

2号蕾丝针

● **成品尺寸**

参照图示

组合方法（一共制作5朵花）

蕊柱

①在蕊柱中插入对折后的24号铁丝

唇瓣

花瓣

花萼

②按唇瓣、花瓣、花萼的顺序插入铁丝。此时，在各部分之间涂上少许胶水固定

③用绿色线（704）从花萼的根部往下缠绕3.5~6cm（参照下图）

31cm

④将22号铁丝加在上数第2朵花的位置，从上往下一边错开着加入花朵，一边用绿色线（704）缠绕

13cm

⑤花茎部分留13cm左右，弯折铁丝末端，缠绕上线

⑥最后涂上胶水固定线头

6cm

3.5cm

1.5cm

3.5cm

3cm

3.5cm

4cm

3.5cm

蕊柱

972　5个

▽ =接线

▼ =断线

唇瓣

5片

— =972

— =900

约3cm

约3cm

用钩织终点的线头零碎地做直线绣（参照p.63）

钩织终点留出20cm长的线头剪断

①

②

③

环

※第3行的短针是在前一行的2针之间成束挑针钩织

花瓣

970　5片

约3cm

约6cm

③
①
②

环

第1行…环形起针，钩1针锁针起立针和1针短针。接着钩10针锁针、1针锁针起立针、10针短针，然后在第1针短针上引拔，再在线环中钩1针短针。参照图解继续钩织。

花萼

947　5片

约6cm

约6cm

③
①
②

环

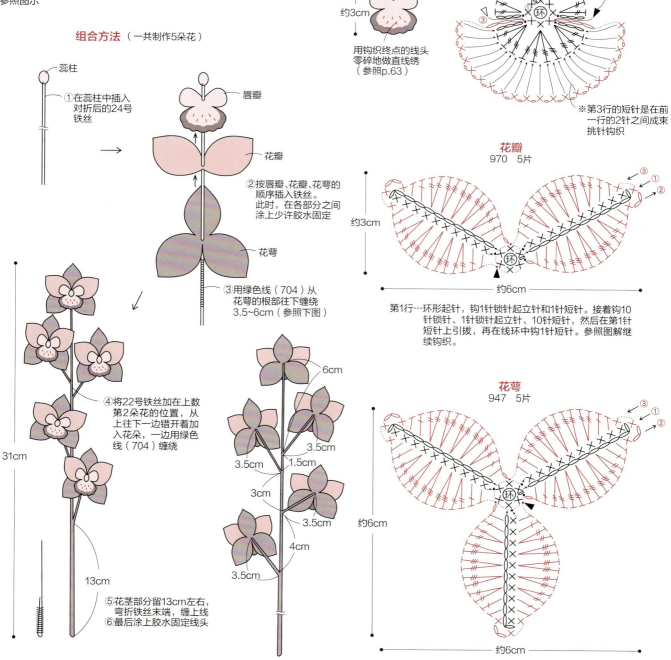

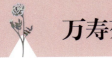

万寿菊　*Marigold*

图片 —— p.22

■ 准备材料

DMC 25 号刺绣线
绿色系（3346）…3 支，茶色系（919）…1.5 支，
黄色系（743）…1 支，橘色系（720）…0.5 支
花艺铁丝 /20 号、24 号…各 1 根，胶水…少量

■ 针

0 号蕾丝针

■ 成品尺寸

参照图示

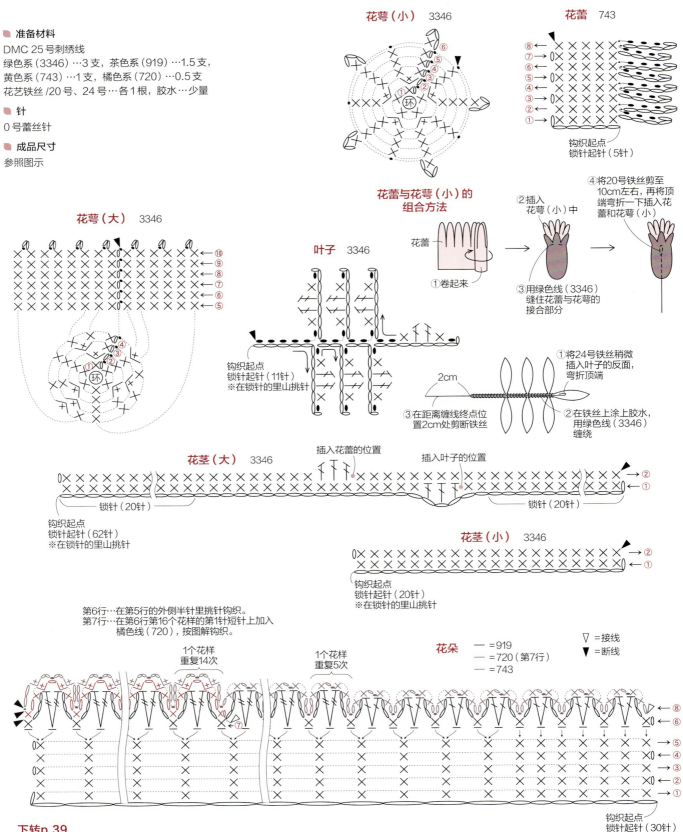

下转 p.39

38

莫氏兰 *Mokara*

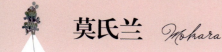

准备材料

DMC 25 号刺绣线
紫色系（552）…3 支，紫色系（553）…2 支，
黄绿色系（989）…1.5 支
DMC Coloris（段染线）
绿色系（4505）…0.5 支
花艺铁丝 /22 号…1 根，28 号…5 根，定型
喷雾剂…少量，填充棉…少量，胶水…少量

针

2 号蕾丝针

成品尺寸

参照图示

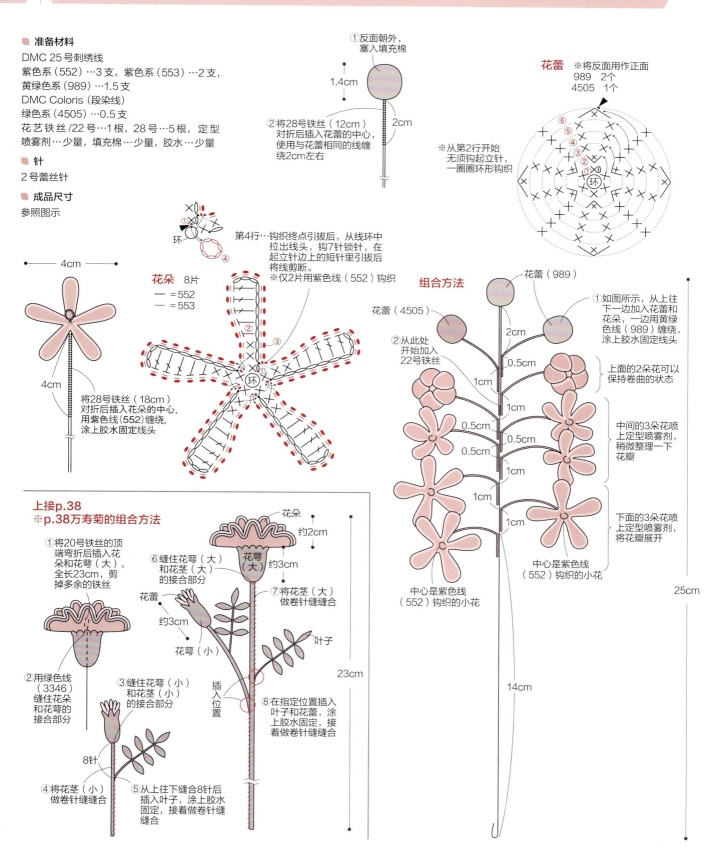

①反面朝外，
塞入填充棉

1.4cm

②将28号铁丝（12cm）
对折后插入花蕾的中心，
使用与花蕾相同的线缠
绕2cm左右

2cm

花蕾 ※将反面用作正面
989　2个
4505　1个

※从第2行开始
无须钩起立针，
一圈圈环形钩织

环

第4行…钩织终点引拔后，从线环中
拉出线头，钩7针锁针，在
起立针边上的短针里引拔后
将线剪断。
※仅2片用紫色线（552）钩织

花朵　8片
— = 552
— = 553

环

4cm

将28号铁丝（18cm）
对折后插入花朵的中心，
用紫色线（552）缠绕，
涂上胶水固定线头

4cm

组合方法

花蕾（989）
花蕾（4505）

①如图所示，从上往
下一边加入花蕾和
花朵，一边用黄绿
色线（989）缠绕，
涂上胶水固定线头

②从此处
开始加入
22号铁丝

2cm
0.5cm
1cm
1cm
0.5cm
0.5cm
0.5cm
1cm
1cm
1cm

上面的2朵花可以
保持卷曲的状态

中间的3朵花喷
上定型喷雾剂，
稍微整理一下
花瓣

下面的3朵花喷
上定型喷雾剂，
将花瓣展开

中心是紫色线
（552）钩织的小花

中心是紫色线
（552）钩织的小花

14cm

25cm

上接p.38
※p.38万寿菊的组合方法

①将20号铁丝的顶
端弯折后插入花
朵和花萼（大），
全长23cm，剪
掉多余的铁丝

②用绿色线
（3346）
缝住花朵和
花萼的
接合部分

③缝住花萼（小）
和花茎（小）
的接合部分

④将花茎（小）
做卷针缝缝合

⑤从上往下缝合8针后
插入叶子，涂上胶水
固定，接着做卷针缝
缝合

8针

花朵
约2cm

⑥缝住花萼（大）
和花茎（大）
的接合部分

花蕾
（大）

约3cm

⑦将花茎（大）
做卷针缝缝合

花蕾
约3cm

花萼（小）

叶子

插入
位置

23cm

⑧在指定位置插入
叶子和花蕾，涂
上胶水固定，接
着做卷针缝缝合

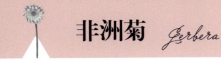

非洲菊 *Gerbera*

第1～6行　花朵基底
　— =166　　— =745

第12、13行　花瓣外侧
745

▽ =接线
▼ =断线

🔖 准备材料
DMC 25 号刺绣线
绿色系（704）、黄色系（745）…各 2 支，乳
黄色系（3823）…1.5 支，绿色系（166）、橘
色系（742）、黄色系（744）…各 0.5 支
花艺铁丝 /18 号…1 根，填充棉…少量

🔖 针
0 号蕾丝针

🔖 成品尺寸
参照图示

※第3～6行在外侧
半针里挑针钩织

约8cm

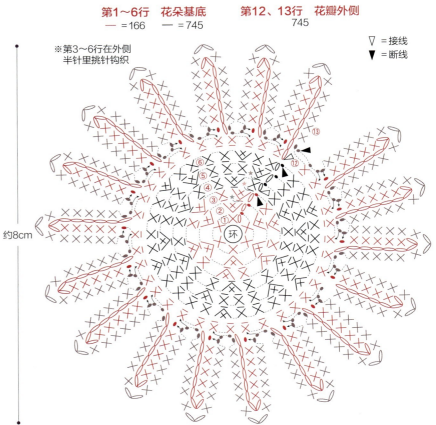

第7～9行　雄蕊

⑦⑧⑨

雄蕊的钩织方法
第7行…在花朵基底第2行剩下的半针（★）
里加入橘色线（742），重复12次
"1针引拔针、2针锁针"。
第8行…在花朵基底第3行剩下的半针（★）
里加入黄色线（744），重复18次
"1针引拔针、2针锁针"。
第9行…在花朵基底第4行剩下的半针（★）
里加入黄色线（744），重复24次
"1针引拔针、2针锁针"。

花瓣的钩织方法
第10行…在花朵基底第5行剩下的半针里接线，
钩9针锁针和5针短针后引拔，然后在
第5行的内侧半针里挑针钩织后面2针
短针。接着钩8针锁针，按相同要领
继续钩织。重复15次。
第12行…在花朵基底第6行的内侧半针里接线，
按花瓣内侧相同要领钩织。重复18次。

第10、11行　花瓣内侧
3823

约7.5cm

花茎　704

→④
←③
→②
←①

钩织起点
锁针起针（80针）
※在锁针的里山挑针

花萼

— = 704   — = 745

▽ = 接线
▼ = 断线

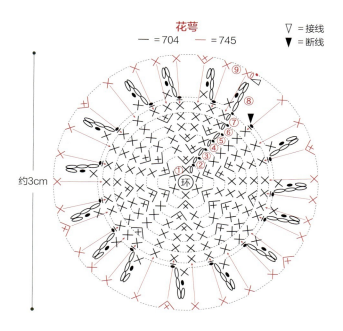

约3cm

花萼的钩织方法

①第8行是在第7行的内侧半针里挑针钩织
②第9行将第8行倒向前面，在第7行的外侧半针里挑针钩织

组合方法

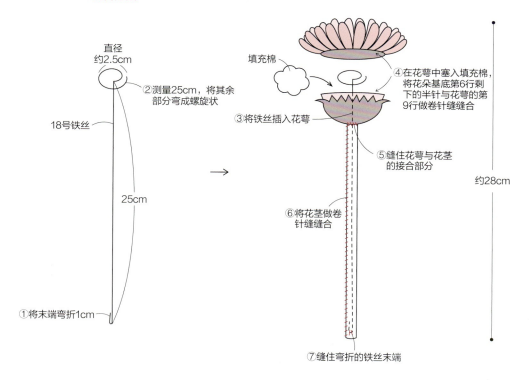

直径
约2.5cm

②测量25cm，将其余部分弯成螺旋状

18号铁丝

25cm

①将末端弯折1cm

填充棉

④在花萼中塞入填充棉，将花朵基底第6行剩下的半针与花萼的第9行做卷针缝合

③将铁丝插入花萼

⑤缝住花萼与花茎的接合部分

⑥将花茎做卷针缝合

约28cm

⑦缝住弯折的铁丝末端

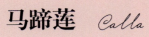

马蹄莲 *Calla*

准备材料

DMC 25号刺绣线

白色系（3865）…1.5支，浅紫色系（24）、绿色系（702）、紫色系（3834）（3835）（3836）…各1支，黄绿色系（14）、黄色系（973）…各0.5支，花艺铁丝/22号…3根，填充棉…少量，胶水…少量

针

2号蕾丝针

成品尺寸

参照图示

取3根22号铁丝，将顶端弯折，穿入针脚固定

塞入填充棉后缝合

4cm

花序的针数表

行数	针数
16	6
2~15	9
1	6

花序

973　1根

组合方法

①将花序插入佛焰苞

佛焰苞的制作方法

佛焰苞（反面）

①翻折

钩织终点侧

佛焰苞（反面）

②用钩织终点的线头缝合重叠位置

②用绿色线（702）缠绕，涂上胶水固定线头

10cm

25cm

▽ = 接线

▼ = 断线

佛焰苞

50针（3865）

钩织终点留出20cm左右的线头剪断

50针（3865）

10cm

(14)

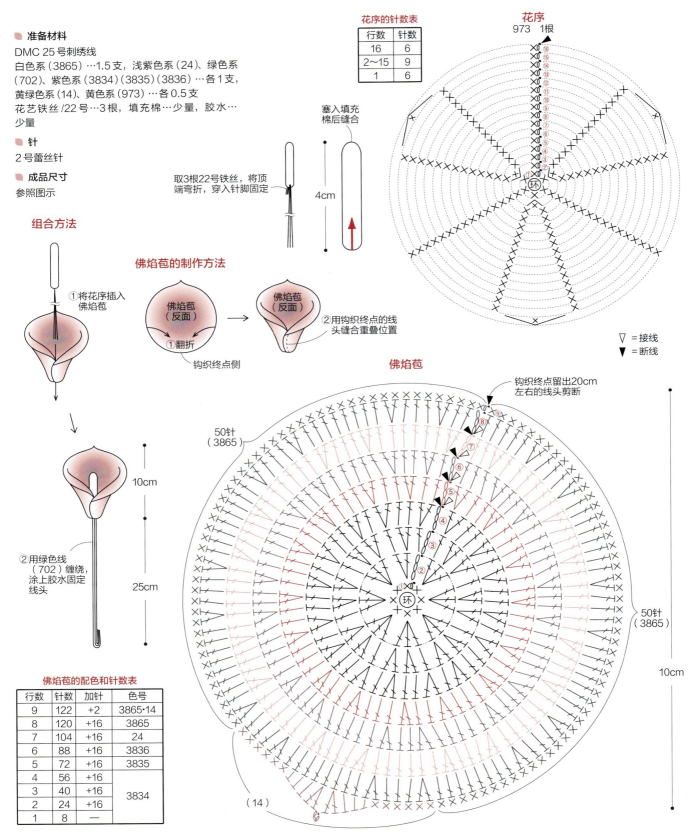

佛焰苞的配色和针数表

行数	针数	加针	色号
9	122	+2	3865·14
8	120	+16	3865
7	104	+16	24
6	88	+16	3836
5	72	+16	3835
4	56	+16	
3	40	+16	3834
2	24	+16	
1	8	—	

玫瑰 *Rose*

准备材料

DMC 25 号刺绣线

紫色系（3836）…5支，绿色系（904）…4支，
浅紫色系（554）…2支，绿色系（905）…少量
花艺铁丝 /18 号、20 号、22 号…各1根，胶
水…少量

针

6号蕾丝针，2/0 号钩针
※ 除指定以外均用 2/0 号钩针钩织

成品尺寸

参照图示

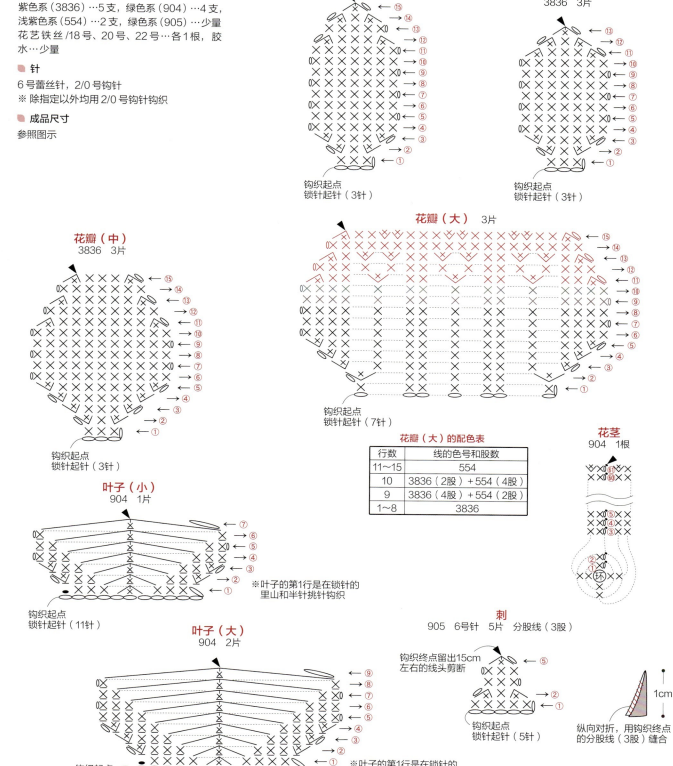

花瓣（小）
3836　3片

花蕾
3836　3片

▽ =接线
▼ =断线

钩织起点
锁针起针（3针）

钩织起点
锁针起针（3针）

花瓣（中）
3836　3片

钩织起点
锁针起针（3针）

花瓣（大）　3片

钩织起点
锁针起针（7针）

花瓣（大）的配色表

行数	线的色号和股数
11～15	554
10	3836（2股）+554（4股）
9	3836（4股）+554（2股）
1～8	3836

花茎
904　1根

叶子（小）
904　1片

钩织起点
锁针起针（11针）

※叶子的第1行是在锁针的
里山和半针挑针钩织

叶子（大）
904　2片

钩织起点
锁针起针（13针）

※叶子的第1行是在锁针的
里山和半针挑针钩织

刺
905　6号针　5片　分股线（3股）

钩织终点留出15cm
左右的线头剪断

钩织起点
锁针起针（5针）

1cm

纵向对折，用钩织终点
的分股线（3股）缝合

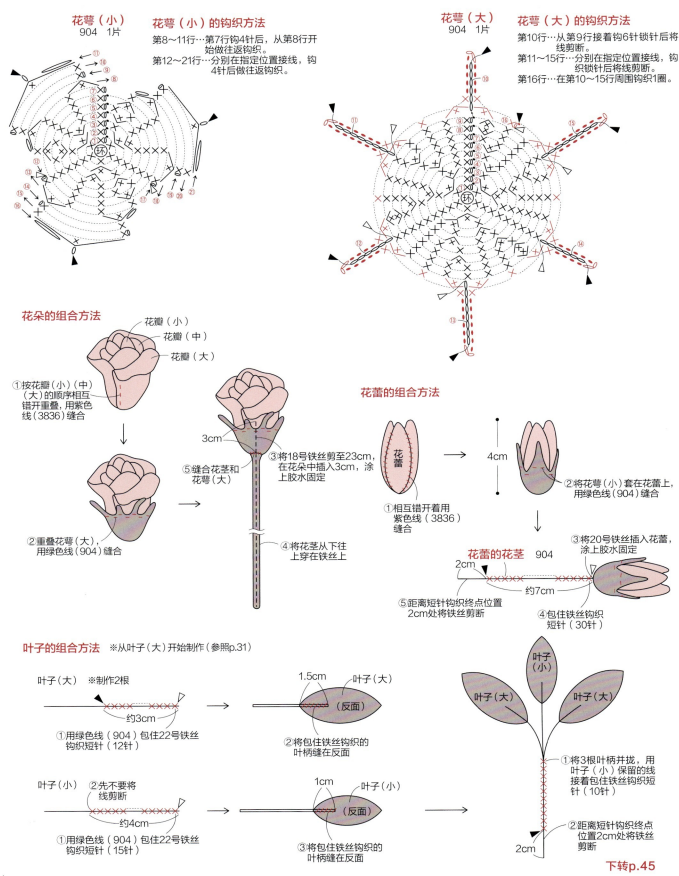

花萼（小）
904　1片

花萼（小）的钩织方法
第8～11行…第7行钩4针后，从第8行开始做往返钩织。
第12～21行…分别在指定位置接线，钩4针后做往返钩织。

花萼（大）
904　1片

花萼（大）的钩织方法
第10行…从第9行接着钩6针锁针后将线剪断。
第11～15行…分别在指定位置接线，钩织锁针后将线剪断。
第16行…在第10～15行周围钩织1圈。

花朵的组合方法

花瓣（小）
花瓣（中）
花瓣（大）

①按花瓣（小）（中）（大）的顺序相互错开重叠，用紫色线（3836）缝合

②重叠花萼（大），用绿色线（904）缝合

3cm

⑤缝合花茎和花萼（大）

③将18号铁丝剪至23cm，在花朵中插入3cm，涂上胶水固定

④将花茎从下往上穿在铁丝上

花蕾的组合方法

花蕾

①相互错着用紫色线（3836）缝合

4cm

②将花萼（小）套在花蕾上，用绿色线（904）缝合

③将20号铁丝插入花蕾，涂上胶水固定

花蕾的花茎　904

2cm

约7cm

⑤距离短针钩织终点位置2cm处将铁丝剪断

④包住铁丝钩织短针（30针）

叶子的组合方法　※从叶子（大）开始制作（参照p.31）

叶子（大）　※制作2根

①用绿色线（904）包住22号铁丝钩织短针（12针）

约3cm

1.5cm

叶子（大）

（反面）

②将包住铁丝钩织的叶柄缝在反面

叶子（小）

②先不要将线剪断

①用绿色线（904）包住22号铁丝钩织短针（15针）

约4cm

1cm

叶子（小）

（反面）

③将包住铁丝钩织的叶柄缝在反面

叶子（小）

叶子（大）　叶子（大）

①将3根叶柄并拢，用叶子（小）保留的线接着包住铁丝钩织短针（10针）

②距离短针钩织终点位置2cm处将铁丝剪断

2cm

44

下转p.45

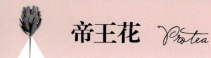
准备材料

DMC 25 号刺绣线

粉红色系（3805）…7 支，绿色系（702）…4 支，
粉红色系（603）…1 支，粉红色系（3687）…
0.5 支

花艺铁丝 /22 号…4 根，26 号（18cm）…35
根，填充棉…少量，胶水…少量

针

2 号蕾丝针

成品尺寸

参照图示

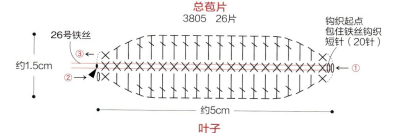

▽ = 接线
▼ = 断线

总苞片、叶子的钩织方法
将铁丝剪至18cm后对折，包
住铁丝钩织短针。

总苞片
3805　26片

26号铁丝

约1.5cm

钩织起点
包住铁丝钩织
短针（20针）

叶子
702　9片

26号铁丝

约2cm

约5cm

钩织起点
包住铁丝钩织
短针（20针）

② 在外侧半针里挑针钩织
③ 在剩下的半针里挑针钩织

花球
― = 3687　 ― = 603

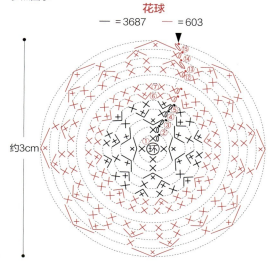

约3cm

花球的针数表

行数	针数	加减针
15	8	−8
14	16	−8
13	24	−8
7~12	32	―
6	32	+8
5	24	+6
4	18	+6
3	12	+6
2	6	+2
1	4	―

组合方法

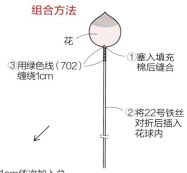

花

①塞入填充
棉后缝合

②将22号铁丝
对折后插入
花球内

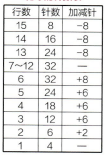

③用绿色线（702）
缠绕1cm

上接p.44
※p.43, p.44玫瑰的
组合方法

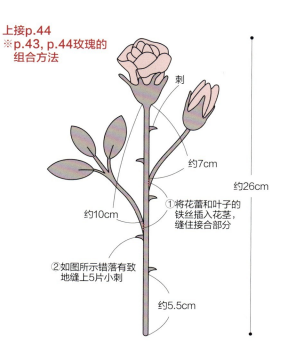

刺

约7cm

约26cm

约10cm

①将花蕾和叶子的
铁丝插入花茎，
缝住接合部分

②如图所示错落有致
地缝上5片小刺

约5.5cm

④每隔1cm依次加入总
苞片和叶子一起缠线

花

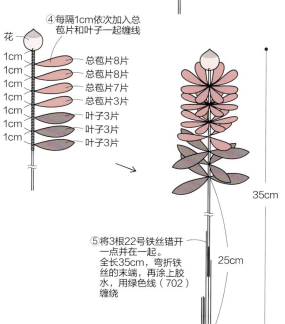

1cm
1cm
1cm
1cm
1cm
1cm
1cm

总苞片8片
总苞片8片
总苞片7片
总苞片3片
叶子3片
叶子3片
叶子3片

35cm

25cm

⑤将3根22号铁丝错开
一点并在一起。
全长35cm，弯折铁
丝的末端，再涂上胶
水，用绿色线（702）
缠绕

野春菊 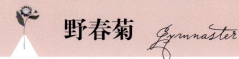 *Gymnaster*

准备材料

DMC 25 号刺绣线

绿色系（986）…1.5 支，黄绿色系（12）、浅紫
色系（153）、深紫色系（550）…各 0.5 支

花艺铁丝 /26 号、28 号…各 1 根，胶水…少量

针

2 号蕾丝针

成品尺寸

参照图示

花蕾

— = 153
— = 12
— = 986

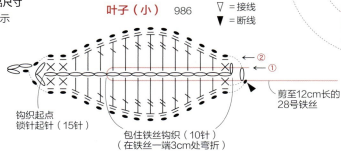

花蕾和叶子（小）的组合方法

花蕾

②用绿色线（986）缠绕

3cm

叶子（小）

①将28号铁丝剪至12cm后对折，插入花蕾

叶子（小） 986

▽ = 接线
▲ = 断线

钩织起点
锁针起针（15针）

包住铁丝钩织（10针）
（在铁丝一端3cm处弯折）

剪至12cm长的
28号铁丝
① ②

花萼 ※将反面用作正面
986

花朵的钩织方法

第4行…在第3行的钩织终点接线，在第3行的外侧半针里挑针钩织。
第5行…在第3行的内侧半针里挑针钩织。
第6行…在第4行的钩织终点接线，在第4行的内侧半针里挑针钩织。
第7行…将花萼重叠在下方，在第4行以及花萼的外侧半针里一起挑针钩织。一边钩织，一边在中间塞入零线。

花朵

● = —

组合方法

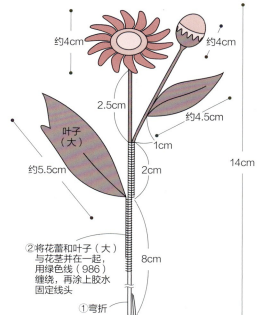

约4cm

约4cm

2.5cm

约4.5cm

1cm

2cm

叶子（大）

约5.5cm

14cm

8cm

②将花蕾和叶子（大）与花茎并在一起，用绿色线（986）缠绕，再涂上胶水固定线头

①弯折

花朵的组合方法

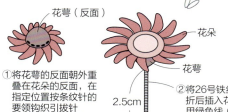

花萼（反面）

花朵

花萼

①将花萼的反面朝外重叠在花朵的反面，在指定位置按条纹针的要领钩织引拔针（参照花朵的钩织方法第7行）

②将26号铁丝对折后插入花萼，用绿色线（986）缠绕

2.5cm

花朵的配色表

行数	色号
7	986
6	550
5	153
4	986
1～3	12

叶子（大） 986

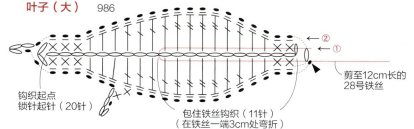

钩织起点
锁针起针（20针）

包住铁丝钩织（11针）
（在铁丝一端3cm处弯折）

剪至12cm长的
28号铁丝
① ②

鸡冠花 *Cochscomb*

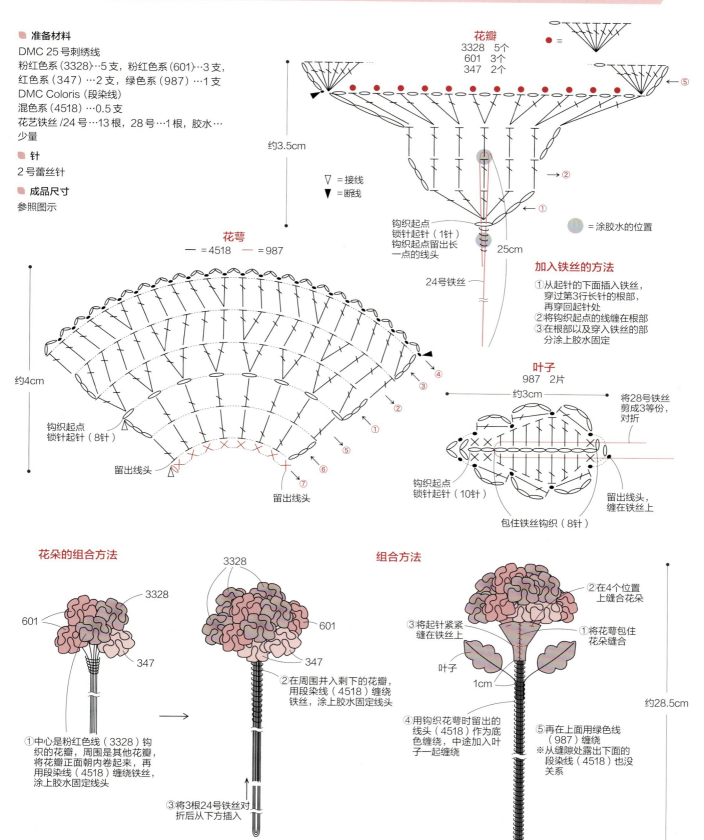

准备材料

DMC 25 号刺绣线
粉红色系（3328）…5 支，粉红色系（601）…3 支，
红色系（347）…2 支，绿色系（987）…1 支
DMC Coloris（段染线）
混色系（4518）…0.5 支
花艺铁丝 /24 号…13 根，28 号…1 根，胶水…
少量

针
2 号蕾丝针

成品尺寸
参照图示

花瓣
3328　5个
601　3个
347　2个

● =

约3.5cm

▽ = 接线
▼ = 断线

= 涂胶水的位置

钩织起点
锁针起针（1针）
钩织起点留出长
一点的线头

24号铁丝

25cm

加入铁丝的方法
①从起针的下面插入铁丝，
穿过第3行长针的根部，
再穿回起针处
②将钩织起点的线头缠在根部
③在根部以及穿入铁丝的部
分涂上胶水固定

花萼
— = 4518　— = 987

约4cm

钩织起点
锁针起针（8针）

留出线头

留出线头

叶子
987　2片

约3cm

将28号铁丝
剪成3等份，
对折

钩织起点
锁针起针（10针）

留出线头，
缠在铁丝上

包住铁丝钩织（8针）

花朵的组合方法

3328
601
347

①中心是粉红色线（3328）钩
织的花瓣，周围是其他花瓣，
将花瓣正面朝内卷起来，再
用段染线（4518）缠绕铁丝，
涂上胶水固定线头

3328
601
347

②在周围并入剩下的花瓣，
用段染线（4518）缠绕
铁丝，涂上胶水固定线头

③将3根24号铁丝对
折后从下方插入

组合方法

②在4个位置
上缝合花朵

③将起针紧紧
缝在铁丝上

叶子

1cm

①将花萼包住
花朵缝合

④用钩织花萼时留出的
线头（4518）作为底
色缠绕，中途加入叶
子一起缠绕

⑤再在上面用绿色线
（987）缠绕
※从缝隙处露出下面的
段染线（4518）也没
关系

约28.5cm

花烛 *Tailflower*

■ 准备材料

DMC 25 号刺绣线

浅粉红色系 (225)…4 支，绿色系 (580)…1.5 支，
紫红色系 (223)、橘色系 (3854)…各 0.5 支
花艺铁丝 /18 号…1 根，定型喷雾剂…少量，填充
棉…少量

■ 针

0 号蕾丝针

■ 成品尺寸

参照图示

= 外钩长长针

= 外钩长针

= 外钩短针

佛焰苞 225

▽ = 接线
▼ = 断线

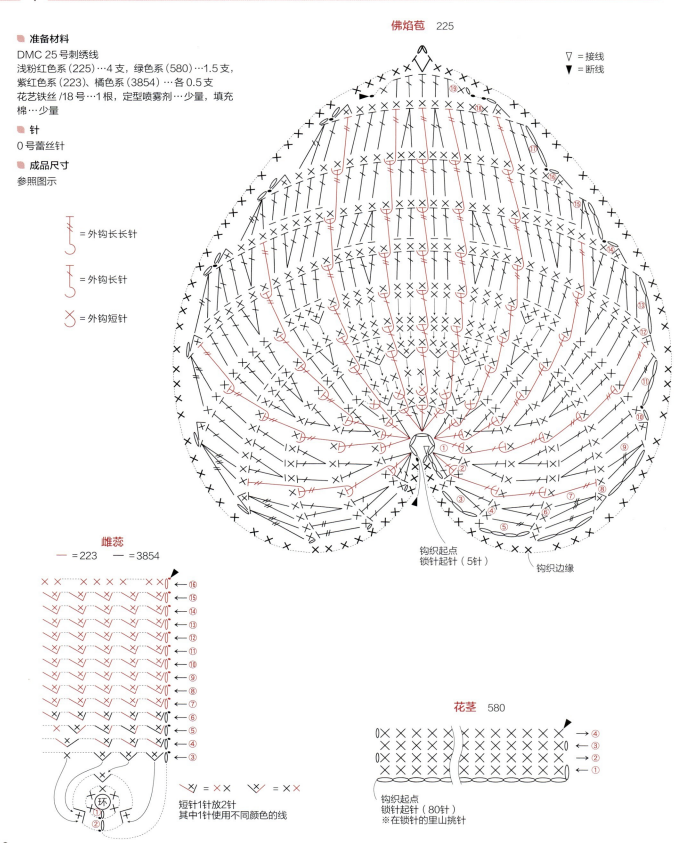

钩织起点
锁针起针（5针）

钩织边缘

雌蕊

— = 223   — = 3854

短针1针放2针
其中1针使用不同颜色的线

花茎 580

钩织起点
锁针起针（80针）
※在锁针的里山挑针

48

组合方法

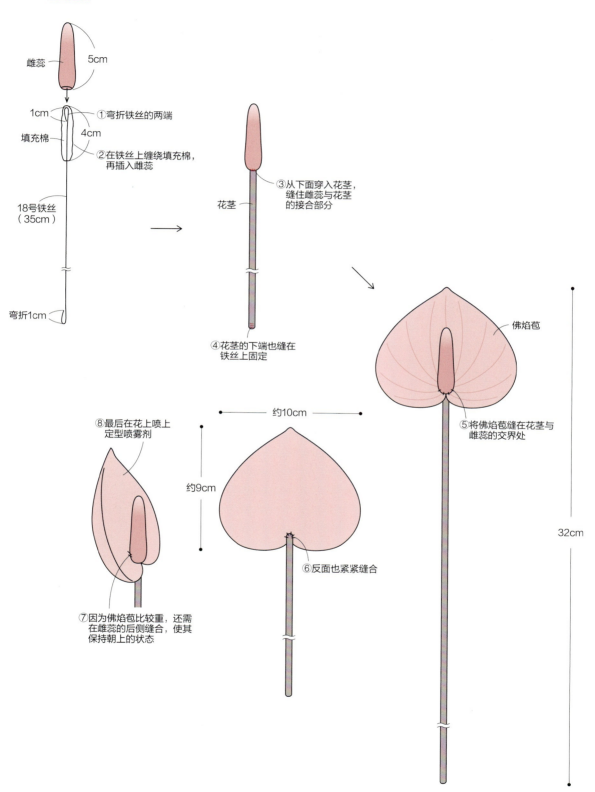

雌蕊

5cm

1cm

填充棉

4cm

①弯折铁丝的两端

②在铁丝上缠绕填充棉，再插入雌蕊

18号铁丝
（35cm）

弯折1cm

③从下面穿入花茎，缝住雌蕊与花茎的接合部分

花茎

④花茎的下端也缝在铁丝上固定

⑧最后在花上喷上定型喷雾剂

约10cm

约9cm

佛焰苞

⑤将佛焰苞缝在花茎与雌蕊的交界处

⑥反面也紧紧缝合

32cm

⑦因为佛焰苞比较重，还需在雌蕊的后侧缝合，使其保持朝上的状态

喜林草 *Baby blue eyes*

▼ = 断线

准备材料

DMC 25 号刺绣线

蓝色系（3839）…2 支，黄绿色系（988）…1.5
支，白色系（3865）…1 支

花艺铁丝 /21 号…4 根，28 号…2 根，TOHO
大号圆珠（NO.49F）…20 颗，胶水…少量，
定型喷雾剂…少量

针

2 号蕾丝针

成品尺寸

参照图示

花朵 4片　　― = 3865
　　　　　　　　― = 3839

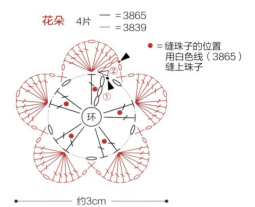

● = 缝珠子的位置
用白色线（3865）
缝上珠子

约3cm

叶子
988　4片

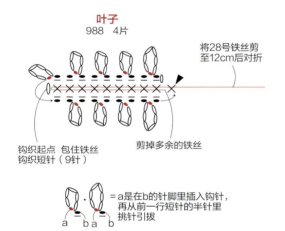

将28号铁丝剪
至12cm后对折

钩织起点 包住铁丝
钩织短针（9针）

剪掉多余的铁丝

= a是在b的针脚里插入钩针，
再从前一行短针的半针里
挑针引拔

a　b a　b

花萼
988　4片

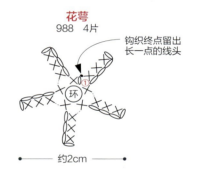

钩织终点留出
长一点的线头

约2cm

组合方法

1朵花

①将1根21号铁丝对折后
插入花朵和花萼

②用花萼钩织终点
留出的线头缠绕

③将叶子缠在铁丝上，
再涂上胶水固定线头

3cm

14cm

3朵花

①将1根21号铁丝对折后
插入花朵和花萼

②用花萼钩织终点
留出的线头缠绕

③将叶子缠在铁丝上，
再涂上胶水固定线头

4cm

3cm

④弯折

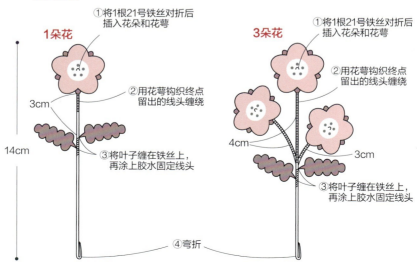

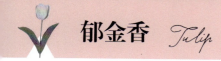

郁金香 *Tulip*

准备材料

DMC 25 号刺绣线

绿色系（702）、黄色系（973）…各4支，红褐
色系（3859）、黄绿色系（14）…各少量
花艺铁丝 /22 号…1根，26 号…2根，28 号…
6根，胶水…少量

针

2 号蕾丝针，6 号蕾丝针
※ 除指定以外均用 2 号蕾丝针钩织

成品尺寸

参照图示

▽ = 接线
▼ = 断线

花瓣A、B和叶子的钩织方法

①包住对折后的铁丝钩织短针。
②在外侧半针里挑针钩织
②' 在剩下的半针里挑针钩织

花瓣A
973　3片

28号铁丝

钩织起点
包住铁丝钩织
短针（20针）

约5cm

花瓣B
973　3片

28号铁丝

钩织起点
包住铁丝钩织
短针（24针）

约6cm

叶子
702　2片

26号铁丝

钩织起点
包住铁丝钩织
短针（50针）

约11.5cm

雌蕊
14　3股线　1个
6号针

环

雄蕊
3859　3股线　1个
6号针

环

涂上胶水，整理形状

组合方法

雌蕊

②用黄绿色线
（14）缠绕

1cm

雄蕊

③用红褐色线
（3859）缠绕

铁丝

①将22号铁丝对折后
插入雌蕊和雄蕊

花瓣B
花瓣A

花瓣B

①按花瓣A、花瓣B、
叶子的顺序依次缠在
雌蕊和雄蕊的铁丝上

将叶子对折

叶子

27cm

②用绿色线（702）
在整根花茎上缠绕，
再涂上胶水固定线头

11cm

准备材料

DMC 25 号刺绣线
紫红色系（814）…1支，浅绿色系（640）…0.2
支，绿色系（524）…少量
花艺铁丝 /20 号…1根，30 号…2根，米色
人造仿真花蕊…16根，花艺胶带…少量，胶
水…少量

针

2 号蕾丝针

成品尺寸

参照图示

花芯A的制作方法

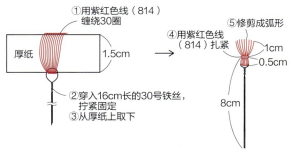

①用紫红色线（814）
缠绕30圈
②穿入16cm长的30号铁丝，
拧紧固定
③从厚纸上取下
④用紫红色线
（814）扎紧
⑤修剪成弧形
厚纸
1.5cm
1cm
0.5cm
8cm

组合方法

①在花朵的指定
位置插入花芯B
花朵（正面）
②在中心插入花芯A，用花
朵钩织起点的线头在起针
剩下的半针里穿线收紧

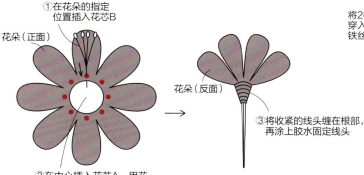

花朵（反面）
③将收紧的线头缠在根部，
再涂上胶水固定线头

④在中心穿入对折后的
10cm长的20号铁丝
花朵（反面）
⑤在中心涂上胶水，
用浅绿色线（640）
缝一圈固定

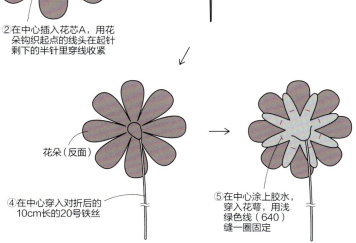

花朵 814

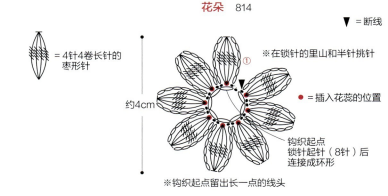

▼ =断线
=4针4卷长针的枣形针
※在锁针的里山和半针挑针
● =插入花蕊的位置
约4cm
钩织起点
锁针起针（8针）后
连接成环形
※钩织起点留出长一点的线头

花芯B的制作方法
（制作8根）

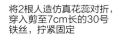

人造仿真花蕊
铁丝
将2根人造仿真花蕊对折，
穿入剪至7cm长的30号
铁丝，拧紧固定

花萼 640

约4cm
环
⑥将22cm长的
20号铁丝对折，
与花茎重叠，
缠上花艺胶带
16cm
⑦用绿色线（524）
在整根花茎上缠绕。
此时，在缠线起点
与终点涂上胶水固定

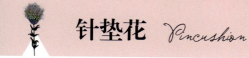

针垫花 Pincushion

■ **准备材料**

DMC 25 号刺绣线

红色系（115）、绿色系（469）…各1.6支，深
绿色系（319）…1支，橘色系（720）…0.7支
花艺铁丝/18号（25cm）…2根，粉红色人造
仿真花蕊…384根，填充棉…少量，胶水…
少量

■ **针**

2 号蕾丝针

■ **成品尺寸**

参照图示

花球基底

— = 115 — = 720

▼ = 断线

花萼 469

叶子
319 8片

钩织起点
锁针起针（8针）

花球基底的针数表

行数	针数	加减针
15	24	−8
14	32	−8
13	40	—
12	40	−8
7～11	48	+8
6	40	—
5	40	+8
4	32	+8
3	24	+8
2	16	+8
1	8	—

Ⅴ/ = ××

组合方法

7cm
2cm
29cm
2cm
2cm
2cm
2cm
14cm

①在花球基底中
塞入填充棉

②将2根18号铁丝
插入基底中心，
接着穿入花萼

③将基底的第15行与
花萼做卷针缝缝合

④涂上胶水固定
铁丝和花萼

⑦将铁丝的末端弯折，用
绿色线（469）从花萼
的下方开始缠绕，再涂
上胶水固定线头

加入叶子的方法

约2.5cm

⑤将叶子夹在2根铁丝之间，
用深绿色线（319）缝住

第1片

第2片

⑥将第2片叶子重叠
在第1片叶子上缝合。
每隔2cm加入叶子

加上花蕊的方法（参照p.31）

在花球基底的橘色线圈（720）里插入钩针，
系上3根人造仿真花蕊

橘色线圈（720）

①在橘色线圈（720）剩下的
半针里插入钩针，将3根花
蕊对折后挂在针头拉出

②将花蕊的顶端
穿过圆环

③将花蕊的顶端
向上拉起

铃兰 *May lily*

● 准备材料

DMC 25 号刺绣线
绿色系（469）…1.5 支，绿色系（581）…1.1 支，
白色系（BLANC）…0.8 支，黄绿色系（472）、
绿色系（3345）…0.2 支
花艺铁丝 /24 号…1 根，30 号…3 根，花艺
胶带…少量，胶水…少量

● 针

2 号蕾丝针

● 成品尺寸

参照图示

叶子的钩织方法

①将10cm长的30号铁丝一端拧出小圆环。
②在25针起针的里山挑针，包住铁丝钩织。
另一侧在起针锁针的外侧半针里挑针钩织
条纹针。第2行在前一行头部的外侧半针
里挑针钩织条纹针。

将一端拧出
小圆环

铁丝

叶子

469　2片
581　1片

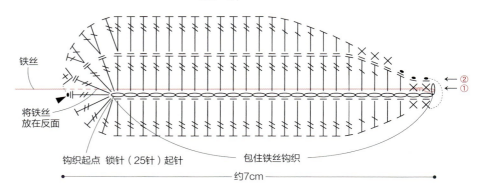

铁丝

将铁丝
放在反面

钩织起点 锁针（25针）起针

包住铁丝钩织

约7cm

▽ = 接线
▼ = 断线

花蕾

472　3个

1~1.5cm

铁丝

①将5cm长的30号铁丝
一端弯成小圆环，接
线钩织
②用绿色线（581）在
铁丝上缠绕1~1.5cm

花

BLANC　5枚

环

①
②

雄蕊的制作方法

绿色线（581）

铁丝

①将6cm长的30号铁丝
一端弯成小圆环
②穿入绿色线（581）
打一个绕2圈的死结，
涂上胶水固定

花朵的组合方法

约1cm

在花朵中心插入雄蕊，将
花朵钩织起点的线拉紧

※在缠线起点与终点
涂上胶水固定

组合方法

※在缠线起点与
终点涂上胶水
固定

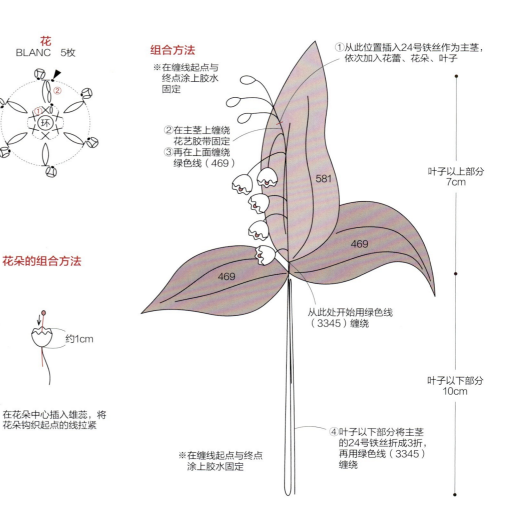

①从此位置插入24号铁丝作为主茎，
依次加入花蕾、花朵、叶子

②在主茎上缠绕
花艺胶带固定
③再在上面缠绕
绿色线（469）

581

469

469

从此处开始用绿色线
（3345）缠绕

叶子以上部分
7cm

叶子以下部分
10cm

④叶子以下部分将主茎
的24号铁丝折成3折，
再用绿色线（3345）
缠绕

风信子 *Hyacinth*

■ **准备材料**

DMC 25 号刺绣线

紫色系（333）（340）···各 5 支，绿色系（702）···4 支，
红褐色系（3859）···1 支，米色系（712）15cm···
18 根

花艺铁丝 /22 号···1 根，26 号（12cm）···20 根，
26 号（17cm）···4 根，大号圆珠（透明）···20 颗，
填充棉···少量，胶水···少量

■ **针**

2 号蕾丝针

■ **成品尺寸**

参照图示

花朵的组合方法

① 在剪至 12cm 长的 26 号铁丝上穿入珠子后对折

② 将铁丝插入花朵中心，用绿色线（702）缠绕

※制作 20 个

2cm

花朵 20 片

— = 333　　— = 340

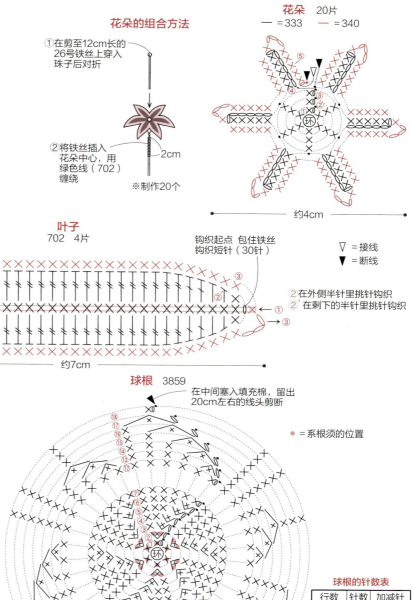

约 4cm

叶子
702　4 片

将 26 号铁丝剪至 17cm 后对折

钩织起点 包住铁丝钩织短针（30 针）

② 在外侧半针里挑针钩织

② 在剩下的半针里挑针钩织

▽ = 接线

▼ = 断线

约 7cm

组合方法

① 将 22 号铁丝剪至 28cm 后对折，如图所示从上往下加入花朵和叶子，用绿色线（702）缠绕，再涂上胶水固定线头，制作植株

第1层 3 朵花　　1.5cm

第2层 4 朵花　　1.5cm

第3层 5 朵花　　约 10cm

第4层 5 朵花　　2cm

第5层 3 朵花　　2cm

叶子　　4cm

铁丝

1cm

② 将组合后的植株茎部插入球根，用留出的线头缝合球根和植株

球根

根须

约 25cm

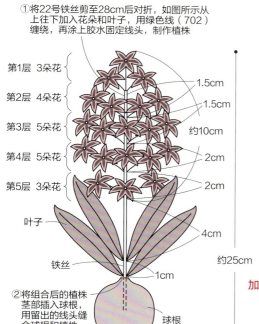

球根　3859

在中间塞入填充棉，留出 20cm 左右的线头剪断

● = 系根须的位置

球根的针数表

行数	针数	加减针
17、18	12	−3
16	15	−3
15	18	−6
14	24	−6
13	30	−6
7～12	36	—
6	36	+6
5	30	+6
4	24	+6
3	18	+6
2	12	+6
1	6	—

加上根须的方法
712　18 根

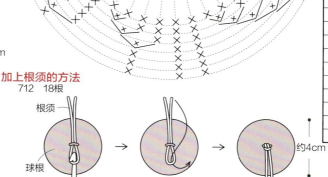

根须

球根

约 4cm

① 在线圈里插入钩针，将剪至 15cm 长的线（712）拉出

② 将线头穿入线环

钻石百合 *Diamond lily*

准备材料

DMC 25 号刺绣线
粉红色系（603）…4 支，绿色系（702）…1 支
花艺铁丝 /22 号…2 根，24 号（18cm）、28 号
（18cm）…各 4 根，米色的人造仿真花蕊…12
根，胶水…少量

针

2 号蕾丝针

成品尺寸

参照图示

花朵 603 4 片

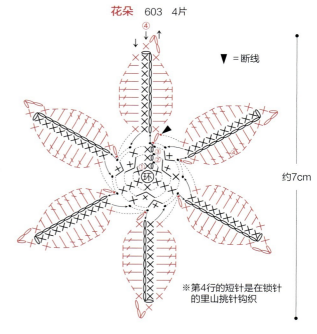

▼ =断线

约7cm

※第4行的短针是在锁针的里山挑针钩织

雌蕊的制作方法
（制作4根）

粉红色线（603）

3cm

铁丝

将28号铁丝剪至18cm后对折，
用粉红色线（603）缠绕

雄蕊的制作方法
（制作4根）

人造仿真花蕊

铁丝

将3根花蕊对折，
穿入18cm长的
24号铁丝拧成1束

组合方法

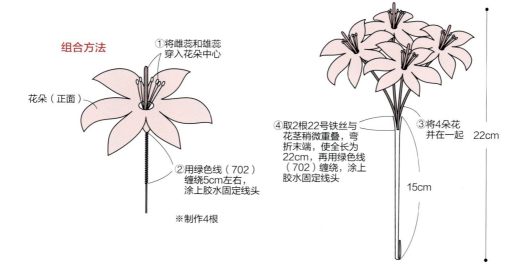

①将雌蕊和雄蕊
穿入花朵中心

花朵（正面）

②用绿色线（702）
缠绕5cm左右，
涂上胶水固定线头

※制作4根

④取2根22号铁丝与
花茎稍微重叠，弯
折末端，使全长为
22cm，再用绿色线
（702）缠绕，涂上
胶水固定线头

③将4朵花
并在一起

22cm

15cm

56

龙胆 *Gentian*

■ 准备材料

DMC 25 号刺绣线

绿色系 (520)…5.5 支，紫色系 (791)…5 支，
浅黄绿色 (10)…少量

花艺铁丝 /18 号…1 根，26 号…5 根，胶水…
少量

■ 针

2 号蕾丝针

■ 成品尺寸

参照图示

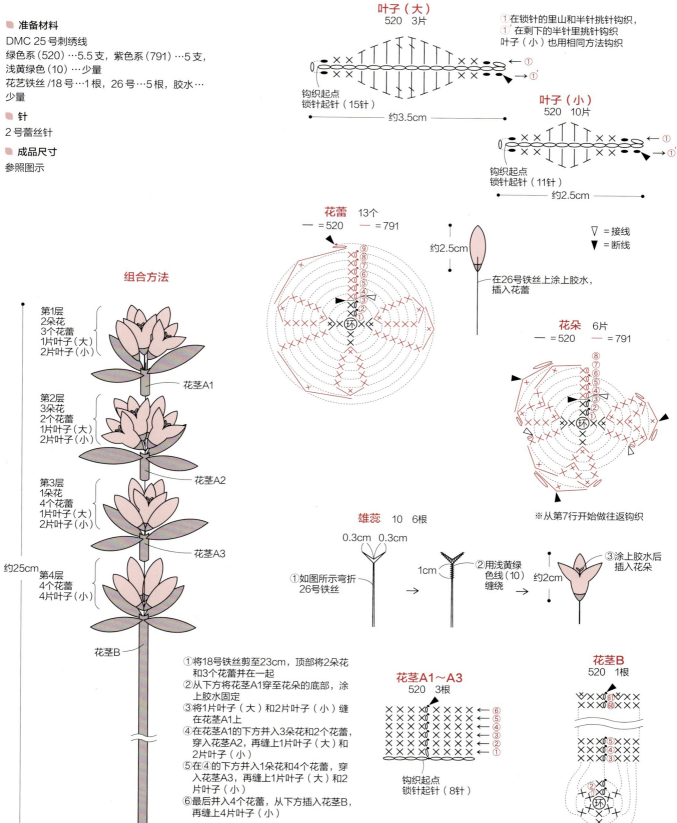

叶子（大）
520　3片

① 在锁针的里山和半针挑针钩织，
① 在剩下的半针里挑针钩织
叶子（小）也用相同方法钩织

钩织起点
锁针起针（15针）
约3.5cm

叶子（小）
520　10片

钩织起点
锁针起针（11针）
约2.5cm

▽ = 接线
▼ = 断线

花蕾　13个
— = 520　— = 791

约2.5cm

在26号铁丝上涂上胶水，
插入花蕾

花朵　6片
— = 520　— = 791

※从第7行开始做往返钩织

组合方法

第1层
2朵花
3个花蕾
1片叶子（大）
2片叶子（小）

花茎A1

第2层
3朵花
2个花蕾
1片叶子（大）
2片叶子（小）

花茎A2

第3层
1朵花
4个花蕾
1片叶子（大）
2片叶子（小）

花茎A3

约25cm
第4层
4个花蕾
4片叶子（小）

花茎B

雄蕊　10　6根

0.3cm　0.3cm

①如图所示弯折
26号铁丝

1cm

②用浅黄绿
色线（10）
缠绕

约2cm

③涂上胶水后
插入花朵

①将18号铁丝剪至23cm，顶部将2朵花
和3个花蕾并在一起
②从下方将花茎A1穿入花朵的底部，涂
上胶水固定
③将1片叶子（大）和2片叶子（小）缝
在花茎A1上
④在花茎A1的下方并入3朵花和2个花蕾，
穿入花茎A2，再缝上1片叶子（大）和
2片叶子（小）
⑤在④的下方并入1朵花和4个花蕾，穿
入花茎A3，再缝上1片叶子（大）和2
片叶子（小）
⑥最后并入4个花蕾，从下方插入花茎B，
再缝上4片叶子（小）

花茎A1～A3
520　3根

钩织起点
锁针起针（8针）

花茎B
520　1根

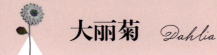

大丽菊 *Dahlia*

■ 准备材料

DMC 25 号刺绣线
绿色系（3346）…2 支，粉红色系（899）（962）
（3687）…各 1.5 支，茶色系（402）、紫红色系
（3685）…各 1 支，绿色系（3345）、粉红色系
（3779）…各 0.5 支
花艺铁丝 /20 号…1 根，24 号…10cm，填充
棉…少量，定型喷雾剂…少量

■ 针

0 号蕾丝针

■ 成品尺寸

参照图示

★ **第12～14行　第1层花瓣**　3685

在花朵基底钩织第4行条纹针时剩下
的第3行的半针（★）里挑针钩织

▲ **第15～17行　第2层花瓣**　3685

在花朵基底钩织第5行条纹针时剩下
的第4行的半针（▲）里挑针钩织

● **第18、19行　第3层花瓣**
　— =3779　— =962

重复10次

参照第24、25行的第6层花瓣的图解，在花朵基底钩织
第6行条纹针时剩下的第5行的半针（●）里挑针钩织

第1～11行　花朵基底
— =3685　— =402　— =3687　　**第24、25行　第6层花瓣**
— =899　— =3687

在第24行的锁针
上成束挑针钩织
短针

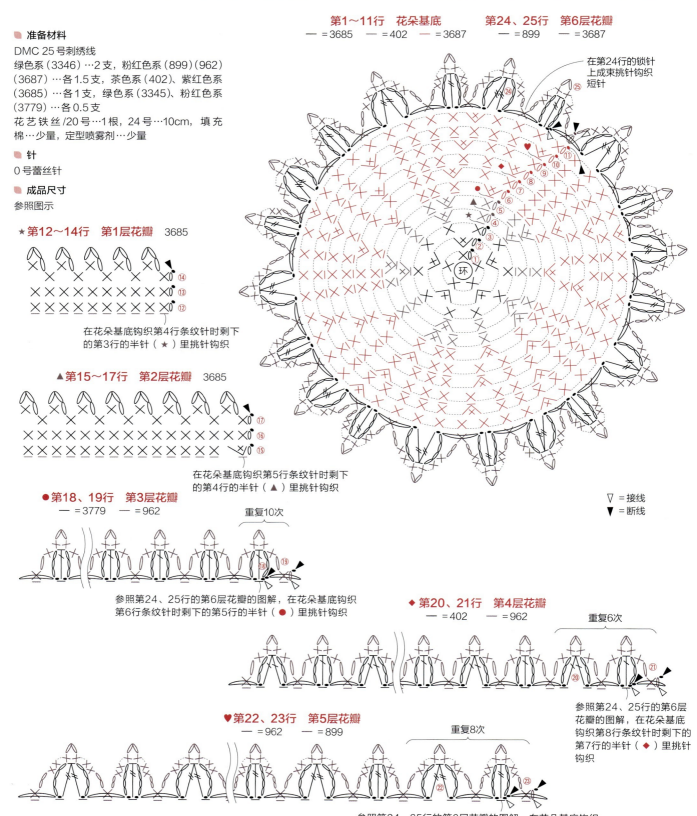

▽ =接线
▼ =断线

◆ **第20、21行　第4层花瓣**
　— =402　— =962

重复6次

参照第24、25行的第6层
花瓣的图解，在花朵基底
钩织第8行条纹针时剩下的
第7行的半针（◆）里挑针
钩织

♥ **第22、23行　第5层花瓣**
　— =962　— =899

重复8次

参照第24、25行的第6层花瓣的图解，在花朵基底钩织
第10行条纹针时剩下的第9行的半针（♥）里挑针钩织

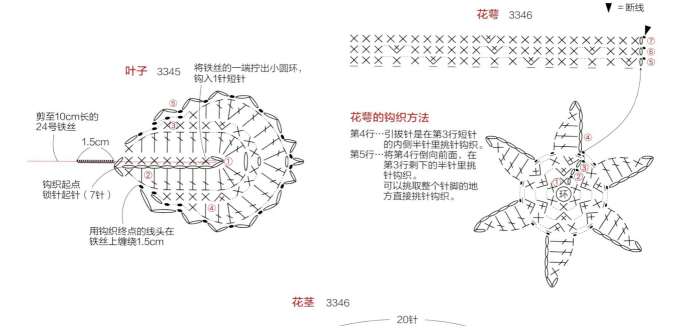

叶子 3345

将铁丝的一端拧出小圆环，钩入1针短针

剪至10cm长的24号铁丝

1.5cm

钩织起点 锁针起针（7针）

用钩织终点的线头在铁丝上缠绕1.5cm

▼ = 断线

花萼 3346

花萼的钩织方法

第4行…引拔针是在第3行短针的内侧半针里挑针钩织。

第5行…将第4行倒向前面，在第3行剩下的半针里挑针钩织。可以挑取整个针脚的地方直接挑针钩织。

环

花茎 3346

20针

钩织起点 锁针起针（62针）

20cm

插入叶子的位置

组合方法

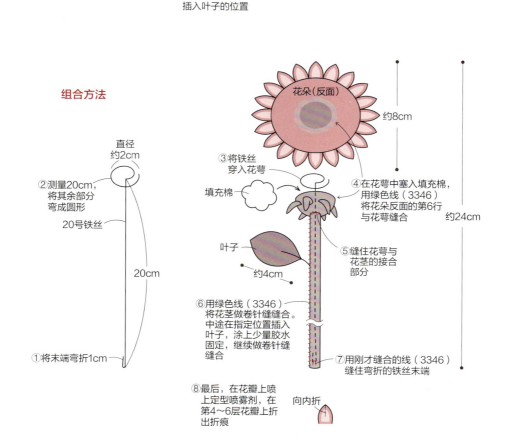

直径约2cm

②测量20cm，将其余部分弯成圆形

20号铁丝

20cm

①将末端弯折1cm

花朵（反面）

约8cm

③将铁丝穿入花萼

填充棉

④在花萼中塞入填充棉，用绿色线（3346）将花朵反面的第6行与花萼缝合

叶子

约4cm

⑤缝住花萼与花茎的接合部分

⑥用绿色线（3346）将花茎做卷针缝缝合。中途在指定位置插入叶子，涂上少量胶水固定，继续做卷针缝缝合

⑦用刚才缝合的线（3346）缝住弯折的铁丝末端

约24cm

⑧最后，在花瓣上喷上定型喷雾剂，在第4~6层花瓣上折出折痕

向内折

🔲 钩针编织基础

如何看懂符号图

本书中的符号图均表示从织物正面看到的状态，根据日本工业标准（JIS）制定。钩针编织没有正针和反针的区别（内钩针和外钩针除外），交替看着正、反面进行往返钩织时也用相同的针法符号表示。

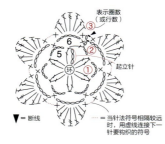

表示圈数（或行数）
起立针
▼=断线
═=当针法符号相隔较远时，用虚线连接下一针要钩织的符号

从中心向外环形钩织时

在中心环形起针（或钩织锁针连接成环状），然后一圈圈地向外钩织。每圈的起处都要先钩起立针（立起的锁针）。通常情况下，都是看着织物的正面按符号图逆时针钩织。

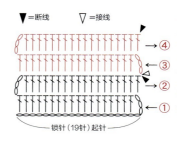

▼=断线　▽=接线

往返钩织时

特点是左右两侧都有起立针。原则上，当起立针位于右侧时，看着织物的正面按符号图从右往左钩织；当起立针位于左侧时，看着织物的反面按符号图从左往右钩织。左图表示在第3行换成配色线钩织。

锁针（19针）起针

带线和持针的方法

1 从左手的小指和无名指之间将线向前拉出，然后挂在食指上，将线头拉至手掌前。

2 用拇指和中指捏住线头，竖起食指使线绷紧。

3 用右手的拇指和食指捏住钩针，用中指轻轻抵住针头。

起始针的钩织方法

1 将钩针抵在线的后侧，如箭头所示转动针头。

2 再在针头挂线。

3 从线环中将线向前拉出。

4 拉动线头收紧针脚，起始针就完成了（此针不计为1针）。

起针

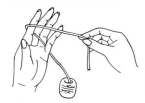

从中心向外环形钩织时
（用线头制作线环）

1 在左手食指上绕2圈线，制作线环。

2 从手指上取下线环重新捏住，在线环中插入钩针，如箭头所示挂线后向前拉出。

3 针头再次挂线拉出，钩织立起的锁针。

4 第1圈在线环中插入钩针，钩织所需针数的短针。

5 暂时取下钩针，拉动最初制作线环的线（1）和线头（2），收紧线环。

6 第1圈结束时，在第1针短针的头部插入钩针，挂线引拔。

从中心向外环形钩织时
（钩锁针制作线环）

1 钩织所需针数的锁针，在第1锁针的半针里插入钩针引拔。

2 针头挂线后拉出，此针就是锁针起立针。

3 第1圈在线环中插入钩针，成束挑起锁针钩织所需针数的短针。

4 第1圈结束时，在第1针短针的头部插入钩针，挂线引拔。

往返钩织时

1 钩织所需针数的锁针和锁针起立针。在边上第2锁针里插入钩针，挂线后拉出。

2 针头挂线，如箭头所示将线拉出。

3 第1行完成后的状态（锁针起立针不计为1针）。

锁针的识别方法

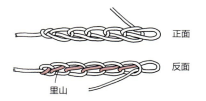

正面

反面

里山

锁针有正、反面之分。反面中间突出的
1根线叫作锁针的"里山"。

在前一行挑针的方法

 在1个针脚里钩织

1

2

 成束挑起锁针钩织

1

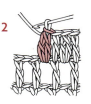
2

同样是枣形针，符号不同，挑针的方法也不同。
符号下方是闭合状态时，在前一行的1个针脚里钩织；符号下方是打开状态时，成束挑起前一行的锁针钩织。

针法符号

◯ 锁针

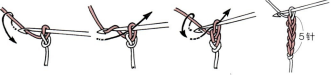

1
钩起始针，接着在
针头挂线。

2
将挂线拉出，1针
锁针就完成了。

3
按相同要领，重复
步骤**1**和**2**的"挂线，
拉出"，继续钩织。

4
5针锁针完成。

5针

● 引拔针

1
在前一行的针脚中
插入钩针。

2
针头挂线。

3
将线一次性拉出。

4
1针引拔针完成。

✕ 短针

1
在前一行的针脚中
插入钩针。

2
针头挂线，向前拉
出线圈（拉出后的
状态叫作未完成的
短针）。

3
针头再次挂线，一
次性引拔穿过2个
线圈。

4
1针短针完成。

┰ 中长针

1
针头挂线，在前一
行的针脚中插
入钩针。

2
针头再次挂线，向
前拉出（拉出后的
状态叫作未完成的
中长针）。

3
针头再次挂线，一
次性引拔穿过3个
线圈。

4
1针中长针完成。

┬ 长针

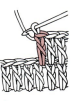

1
针头挂线，在前一
行的针脚中插入钩
针。再次挂线后向
前拉出。

2
如箭头所示，针头
挂线后引拔穿过2
个线圈（引拔后的
状态叫作未完成的
长针）。

3
针头再次挂线，引
拔穿过剩下的2个
线圈。

4
1针长针完成。

┼ 长长针 ┼ 3卷长针=(●)

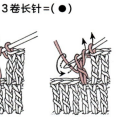

1
在针头绕2圈（●
=3圈）线，在前
一行的针脚中插入
钩针。再次挂线，
向前拉出线圈。

2
如箭头所示，针头
挂线后引拔穿过2
个线圈。

3
再重复2次（●=
3次）相同操作。
※ 第1次（●=
第2次）完成后的
状态叫作未完成的
长长针（●=未完
成的3卷长针）

4
1针长长针完成。

╳ 短针的条纹针

※短针以外的条纹针也按相同要领，在前一圈的外侧半针里挑针钩织指定针法

1
每圈看着正面钩织。钩织1圈短针后，在第1针里引拔。

2
钩1针锁针起立针，接着在前一圈的外侧半针里挑针钩织短针。

3
按步骤 2 相同要领继续钩织短针。

4
前一圈的内侧半针呈现条纹状。图中为钩织第3圈短针的条纹针的状态。

╳ 短针的棱针

※短针以外的棱针也按相同要领，在前一行的外侧半针里挑针钩织指定针法

1
如箭头所示，在前一行的外侧半针里插入钩针。

2
钩织短针。下一针也按相同要领在外侧半针里插入钩针。

3
钩织至行末后，翻转织物。

4
按步骤 1、2 相同要领，在外侧半针里插入钩针钩织短针。

╳ 短针1针放2针

1
钩1针短针。

2
在同一个针脚中插入钩针拉出线圈，钩织短针。

3
钩入2针短针后的状态。在同一个针脚中再钩1针短针。

4
在前一行的1针里钩入3针短针后的状态。比前一行多了2针。

╳ 短针1针放3针

╳ 短针2针并1针

1
如箭头所示在前一行的针脚中插入钩针，拉出线圈。

2
按相同要领从下一个针脚中拉出线圈。

3
针头挂线，如箭头所示一次性引拔穿过3个线圈。

4
短针2针并1针完成。比前一行少了1针。

╲ 长针1针放2针

※2针以上或者长针以外的情况也按相同要领，在前一行的1个针脚中钩织指定针数的指定针法

1
钩1针长针。接着针头挂线，在同一个针脚中插入钩针，挂线后拉出。

2
针头挂线，引拔穿过2个线圈。

3
针头再次挂线，引拔穿过剩下的2个线圈。

4
在1针里钩入2针长针后的状态。比前一行多了1针。

╱ 长针2针并1针

※2针以上或者长针以外的情况也按相同要领，钩织指定针数的未完成的指定针法，然后针头挂线，一次性引拔穿过针上的所有线圈

1
在前一行的1个针脚中钩1针未完成的长针（参照 p.61）。接着针头挂线，如箭头所示在下一个针脚中插入钩针，挂线后拉出。

2
针头挂线，引拔穿过2个线圈，钩第2针未完成的长针。

3
针头挂线，如箭头所示一次性引拔穿过3个线圈。

4
长针2针并1针完成。比前一行少了1针。

▮ 3针长针的枣形针

※3针以上或者长针以外的情况也按相同要领，在前一行的1个针脚里钩织指定针数的未完成的指定针法，再如步骤3所示，一次性引拔穿过针上的所有线圈

1
在前一行的针脚中钩1针未完成的长针（参照 p.61）。

2
在同一个针脚中插入钩针，接着钩2针未完成的长针。

3
针头挂线，一次性引拔穿过针上的4个线圈。

4
3针长针的枣形针完成。

外钩长针

※往返钩织中看着反面操作时，按内钩长针钩织
※长针以外的情况也按相同要领，如步骤1的箭头所示插入钩针，钩织指定针法

1
针头挂线，如箭头所示从前面插入钩针，挑起前一行长针的根部。

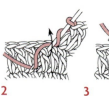

2
针头挂线后拉出，将线圈拉得稍微长一点。

3
针头再次挂线，引拔穿过2个线圈（引拔后的状态叫作未完成的外钩长针）。再重复1次相同操作。

4
1针外钩长针完成。

 3针锁针的狗牙拉针

※3针以外的情况也一样，在步骤1钩织指定针数的锁针，然后按相同要领引拔

1
钩3针锁针。

2
在短针头部的半针和根部的1根线里插入钩针。

3
针头挂线，如箭头所示一次性引拔。

4
3针锁针的狗牙拉针完成。

配色花样的钩织方法（横向渡线钩织的方法）

※●=长针的情况，○=长长针的情况

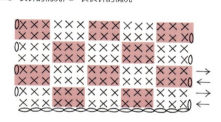

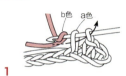

1
钩织未完成的短针【●=未完成的长针，○=未完成的长长针】（参照 p.61），将配色线（b 色）挂在针头引拔。

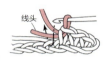

2
引拔后的状态。接着用 b 色线钩织，注意包住底色线（a 色）和 b 色线的线头钩织。因为包住线头一起钩织，无须再做线头处理。

3
再次用 a 色线钩织时，在前一针的短针中按步骤1相同要领换成底色线（a 色）。

直线绣

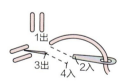

日文原版图书工作人员

图书设计	mill inc.（原辉美　野吕翠）
摄影	白井由香里（作品） 本间伸彦（步骤详解）
造型	串尾广枝
作品设计	远藤裕美　冈本启子 河合真弓 曾根静夏　能岛裕子　松本薰
钩织方法解说、制图	松尾容巳子
步骤协助	河合真弓

原文书名：刺しゅう糸で編む　美しいクロッシェフラワー
原作者名：E&G CREATES
Bobari Ami No Tanoshii Amikomi Hyojo Yutakana Animal Pattern
Copyright ©apple mints 2023
Original Japanese edition published by E&G CREATES.CO.,LTD.
Chinese simplified character translation rights arranged with E&G CREATES.CO.,LTD.
Through Shinwon Agency Beijing Office.
Chinese simplified character translation rights © 2024 by China Textile & Apparel Press.

本书中文简体版经日本E&G创意授权，由中国纺织出版社有限公司独家出版发行。本书内容未经出版者书面许可，不得以任何方式或任何手段复制、转载或刊登。

著作权合同登记号：图字：01-2024-0974

图书在版编目（CIP）数据

美丽绽放的时令花卉钩编／日本E&G创意编著；蒋幼幼译. -- 北京：中国纺织出版社有限公司，2024. 9.（2025.4重印）
ISBN 978-7-5229-1857-0

Ⅰ．TS935.521-64
中国国家版本馆CIP数据核字第2024DK4113号

责任编辑：刘 茸　　　特约编辑：赵佳茜
责任校对：王花妮　　　责任印制：王艳丽

中国纺织出版社有限公司出版发行
地址：北京市朝阳区百子湾东里 A407 号楼　邮政编码：100124
销售电话：010—67004422　传真：010—87155801
http://www.c-textilep.com
中国纺织出版社天猫旗舰店
官方微博 http://weibo.com/2119887771
北京华联印刷有限公司印刷　各地新华书店经销
2024 年 9 月第 1 版　2025年4月第2次印刷
开本：787×1092　1/16　印张：4
字数：120 千字　定价：59.80 元

凡购本书，如有缺页、倒页、脱页，由本社图书营销中心调换